W0172078

Stefan Verra

Die Körpersprache im Verkauf

Stefan Verra

Die **Körpersprache** im **Verkauf**

Überzeugend wirken –
mitreißend kommunizieren

Mit Zeichnungen von Stefan Haller

SiGNUM

Besuchen Sie uns im Internet unter
www.signumverlag.de

© 2007 by Amalthea Signum Verlag GmbH, Wien
Alle Rechte vorbehalten
Schutzumschlag: g@wiescher-design.de
Satz: Fotosatz Völkl, Inzell/Obb.
Gesetzt aus der 10/12,6 Punkt Optima
Druck und Binden: GGP Media GmbH, Pößneck
Printed in Germany
ISBN: 978-3-85436-383-5

Inhaltsverzeichnis

Für Sabine

Danke

Meinem Vater für das Vorleben des Feingespürs
Meiner Mutter für den Mut, Dinge einfach zu tun
Meiner Schwester Katja für die kongeniale Partnerschaft
Meiner Schwester Nora für das Know-How zu diesem Buch

Heinz Feldmann und Niklas Tripolt für die Idee »VBC«
Dem gesamten VBC-Team in Österreich und Deutschland

**Öffne der Veränderung deine Arme,
aber verliere dabei deine Werte nicht aus den Augen ...**

Dalai-Lama XIV. eig. Tanchu Dhondup,
geistliches Oberhaupt der tibetanischen Buddhisten

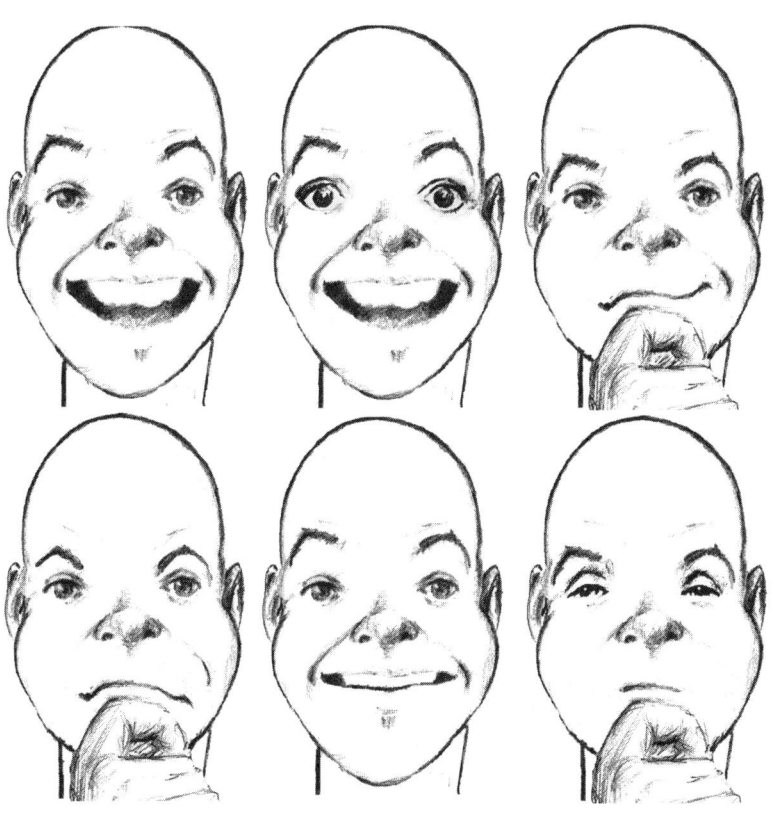

1. Vorwort

»I did not have a sexual relationship with that woman«. (Bill Clinton) Aufmerksame Zuseher und Experten haben sogleich ihre Zweifel am Wahrheitsgehalt geäußert. (Der Rest ist Geschichte.) Wie sie darauf gekommen sind?

Pinocchios Nase wird beim Lügen länger. Ist das eine dreiste Erfindung von Carlo Collodi.

Der Mann sagt:»Ja, Schatz, heute siehst du blendend aus«, während er auf das Magazin mit Jennifer Lopez auf dem Titelblatt blickt.

**»Worte sind dazu da,
unsere eigentlichen Gedanken zu verschleiern«**

sagt nicht nur Paul Watzlawick.

Es ist noch relativ einfach, mit Worten seine innersten Gedanken und Empfindungen zu verschleiern. Mit der Körpersprache ist es nahezu unmöglich. Und auf die Dauer gar nicht möglich.

Weil wir uns oft zu sehr mit dem zufrieden geben, was *gesagt* wurde, entstehen viele Missverständnisse und Streitigkeiten.
Nur wer über das gesprochene Wort hinaus die Menschen versteht, wird ihre wahren Gedanken und Gefühle verstehen.
Erst mit diesem Verständnis ist es auch möglich, so zu kommunizieren, dass man auch selbst verstanden wird.

Und das ist unser aller Bestreben: verstehen und verstanden werden.

Körpersprache ist für das »Verstehen« zielführender.
Sie ist ehrlicher und authentischer als das gesprochene Wort.

Über weite Strecken macht sich über die Körpersprache unser Unterbewusstsein bemerkbar.

Unser bewusster Verstand, mit dem wir das eine oder andere Gefühl zu verbergen versuchen, arbeitet zu langsam, als dass wir mit ihm auf die Dauer unser wahres Ich verschleiern könnten. Deswegen ist die Körpersprache so unmittelbar und direkt.

Wer körpersprachliche Signale erkennt, versteht und im richtigen Zusammenhang sieht, wird ganz nah an die innersten Gefühle und Bedürfnisse seiner Mitmenschen herankommen.

Und nur wer im Verkauf über das gesprochene Wort hinaus seine Kunden versteht, wird bei ihnen »ankommen«,

- wird kundenorientiert kommunizieren,
- wird Interesse erkennen,
- wird auf Desinteresse schnell genug reagieren,
- wird Einwände schon vor dem Aussprechen erkennen und
- wird Abschlusssignale richtig deuten können.

Und wird schneller und einfacher erfolgreich sein.

2. Lesetipps

Das ist *Ihr* Buch. Lesen Sie es so, wie es Ihnen Spaß macht. Vielleicht von vorne, nach hinten oder umgekehrt.
Blättern Sie nach Lust und Laune. Gustieren Sie und picken Sie sich Ihre Rosinen heraus. Die wirklich tollen Sachen behalten Sie bis zum Schluss auf.
Oder Sie lesen sie gleich zu Beginn.

Nach jedem Kapitel und spätestens am Ende des Buchs werden Sie Ihre Mitmenschen ein klein wenig anders »sehen«. Ihnen werden Signale auffallen, die Ihnen vorher entgangen sind.

»Nichts Neues« – wird Ihnen das eine oder andere Mal in den Sinn kommen … Sie werden möglicherweise an manchen Stellen sagen: »Ja, das hab ich vorher auch schon gewusst.«
Und genau in dem Augenblick wird es entscheidend sein, noch ein wenig genauer hinzusehen. Ihnen wird so manches im Leben auf einmal viel deutlicher vor Augen treten.

> **»Die für uns wichtigsten Aspekte der Dinge sind durch ihre Einfachheit und Alltäglichkeit verborgen.**
> **(Man kann es nicht bemerken – weil man es immer vor Augen hat.)**
> **Die eigentlichen Grundlagen seiner Forschung fallen dem Menschen gar nicht auf.«**
>
> Ludwig Wittgenstein

Es wird Sie überraschen, dass Sie sich schon nach diesen Zeilen selbst intensiver beobachten werden. Und Sie werden lernen, neue Signale auszusenden.
All diese Signale waren vorher auch schon da. Nun werden Sie Ihnen auch »bewusst« sein.
Beginnen Sie damit zu arbeiten!

Der sechste Sinn

Das Wirken unserer fünf Sinne ist recht klar zu erkennen. Hören, Sehen, Riechen, Schmecken und Tasten.

Die Wahrnehmung unseres eigenen Körpers – jenen unbewussten Fluss an Informationen über die beweglichen Teile unseres Körpers – ist weit weniger deutlich.

Charles Scott Sherrington bezeichnete dies in den 1990er-Jahren als den sechsten Sinn. Er nannte ihn »Propriozeption« (Eigenwahrnehmung).

Genau das meint auch Vera F. Birkenbihl, wenn sie sagt:

»Jemand, der sich seiner eigenen körpersprachlichen Signale nicht bewusst werden kann, wird die Signale anderer nie sehr exakt registrieren können.«

Erhöhen Sie Ihre Propriozeption. Sie wird Ihnen Wege zu sich selbst und zu Ihren Mitmenschen öffnen.

»Kennen« – »Können«

Nicht das »Kennen« wird über Erfolg oder Misserfolg entscheiden. Auch nicht das Talent. Es wird das »Können« sein, das Sie auf ein höheres Niveau bringen wird. Ich empfehle Ihnen deswegen, die Dinge einfach auszuprobieren. Führen Sie die Übungen aus und bauen Sie das neu Gelernte Schritt für Schritt in Ihren Kommunikationsalltag ein.

Ich wünsche Ihnen damit ebenso viel Freude, wie ich sie empfand, als ich dieses Buch geschrieben habe.

Ihr

Aus Gründen der einfacheren Lesbarkeit habe ich auf die kombinierte weiblich-männliche Schreibweise verzichtet.
Ich bedanke mich für Ihr Verständnis.

»Es ist nicht gesagt, dass es besser wird, wenn es anders wird. Wenn es aber besser werden soll, muss es anders werden.«

Georg Christoph Lichtenberg (deutscher Schriftsteller und Physiker)

3. Einleitung

Alles, was wir körpersprachlich tun, tun wir, weil ein inneres Empfinden uns dazu anleitet.
Jeder körpersprachlichen Regung geht eine Gefühlsregung voraus.
Körpersprache ist immer ein

äußeres Zeichen innerer Befindlichkeit.

Früher, in Urzeiten, bevor der Mensch sprechen gelernt hat, konnte er sich nur über seinen Körper verständlich machen. Wer der Mächtigste in der Gruppe war, wurde durch Stärke- und Größensignale den anderen kenntlich gemacht. Kranke, Schwache erkannte man auch an der Köpersprache. Und Interessenbekundungen am anderen Geschlecht waren bei Menschen dieser Zeit noch um einiges direkter als heute.

Bis in unsere Zeit hat sich die *Sprache* der Menschen weiterentwickelt.
Und damit stand eine zusätzliche mächtige Art der Kommunikation zur Verfügung.
Doch gehen die weitaus stärksten Eindrücke immer noch von den archaischen Signalen des Körpers aus.

3.1 Aufmerksam sein

Wien, 12. September

Ich bin eingeladen, einen Vortrag über Körpersprache im Verkauf zu halten.
Wie immer bin ich sehr früh am Veranstaltungsort.

Aus Gewohnheit ziehe ich mich nach den Vorbereitungen in den Frühstücksraum des Hotels zurück, um alleine meinen Morgenkaffee zu genießen und mich in Ruhe einzustimmen.

Der Raum ist spärlich besucht. Außer mir sitzen je an einem Tisch ein älteres Ehepaar, ein einzelner Mann, eine jüngere Frau und zwei Männer.

Wie soll ich's Ihnen beschreiben? – Es ist wie in einem Thriller: Die beiden Männer. Der eine etwa 55 Jahre. Grauweißes Haar mit Brille. Genau jene Art von Brillen, die zurzeit modern sind, in dunkelbrauner Farbe mit elegantem Hornrahmen. Er trägt Vollbart. Einen schwarzen Dreiteiler mit Nadelstreifen hat er an. Dazu ein strahlend weißes Hemd und auf Hochglanz polierte Oxford-Schuhe. Sehr gepflegt und auffallend elegante Kleidung.

Sein Tischpartner, etwas jünger. 40 bis 45 Jahre, meine Schätzung. Längeres, gewelltes Haar, Sakko, Hose und ein Hemd ohne Krawatte.

Beide sind in ein Gespräch vertieft. Wobei – eigentlich spricht nur der ältere Herr.

Den Inhalt kann ich nicht verstehen. Nur vom Geschehen bin ich gefesselt:
Nahezu ohne Unterbrechung redet der Herr im schwarzen Anzug auf den Jüngeren ein.

Gleichzeitig beobachte ich, wie der Jüngere von Zeit zu Zeit nach seiner Tasche, die neben ihm am Boden steht, sieht. Dazwischen blickt er sein Gegenüber an und schenkt ihm ein gezwungenes Lächeln, während dieser nahezu unentwegt seinen Monolog fortsetzt. Wie automatisch rückt er seine eigene Tasse und seinen Teller immer ein wenig näher zu sich.

Nach einer Weile beginnt der Jüngere sich zurückzulehnen. Wie von Zauberhand bewegt, beugt sich der Ältere nun noch weiter über den Tisch in Richtung seines Gesprächspartners. Die Zauberhand wirkt noch weiter – der Jüngere rückt seinen Stuhl etwas zurück und dreht ihn gleichzeitig ein klein wenig weg von seinem Gegenüber. Ja, der

20

möchte die junge Frau besser im Blickfeld haben – denke ich zuerst ...
Dann fällt mir auf, dass er die Dame keines Blickes würdigt. Stattdes-
sen dreht er auch noch seine Beine vom Tisch weg. Unterdessen
greift er immer wieder zu seiner Tasche – als ob er kontrollieren will,
ob diese noch da ist.

Mir geht ein Licht auf. Der Mann sitzt gar nicht am Tisch, um mit sei-
nem Gegenüber ein Gespräch zu führen. Er scheint ein Undercoveragent zu sein, der heimlich seine Flucht
vorbereitet. So heimlich, dass er es selbst gar nicht merkt ...

Nahezu unbemerkt seine Sachen zu sich ziehend – um sie vor dem
Zugriff des anderen zu schützen.
Die Tasche immer im Blickfeld – die muss im Ernstfall schließlich mit.
Zurücklehnen – damit es der Angreifer nicht allzu leicht hat.
Sobald es bedrohlich wird, wegdrehen – in Richtung Fluchtweg.

Offensichtlich hat der ältere Herr all dies nicht bemerkt. Er spricht
weiter, bis der Jüngere aufsteht. Ziemlich wortkarg verabschieden
sich beide voneinander und gehen getrennt ihrer Wege.

Ich weiß bis heute nichts über den Inhalt des Gesprächs. Und doch
scheint mir einiges über die Beziehung klar zu sein. Wer da von wem
etwas wollte, wer das bestimmende Element war und wie das
Gespräch ausgegangen war.

In der Körpersprache geht es vor allem darum, aufmerksam zu sein.
Nehmen Sie den gesamten Menschen wahr. Alles, was ihn ausmacht.

- Worte
- Gesten
- Sitzposition
- Bewegungen
- Veränderungen
- Kleidung
- Gegenstände
- Positionen
- Orte

Wenn Sie Ihr Augenmerk mehr auf die Gesamtheit lenken, werden Sie auch das Gesamte erkennen.

Steven Covey meinte zur missverständlichen Auffassung von Kommunikation:

»Entweder man redet selber, oder man denkt nach, was man als Nächstes sagen wird.«

Ich denke, damit hat er Recht. Wir hören zu wenig zu, was der andere sagt, weil wir mit uns selbst und unseren Ideen, Problemen und Gedanken zu sehr beschäftigt sind.
Damit erfahren wir nur sehr wenig über die eigentlichen Interessen, Motive und Gefühle unseres Kunden.
Wir wundern uns dann, wenn wir am Schluss eines Verkaufsgesprächs viele Einwände hören oder gar den Abschluss verpassen.

Wären wir nur aufmerksam genug gewesen, hätten wir erkannt, dass die Einwände und Missverständnisse schon in der Gesamtheit der Kommunikation unseres Gegenübers erkennbar wären.

Stellen Sie sich folgende Situation vor:
Ihre Freundin arbeitet seit 13 Jahren bei ein und derselben Firma. Durch persönlichen Einsatz hat sie es bis ins mittlere Management geschafft und ist Verkaufsleiterin für ein ganzes Gebiet.

Nun hat sie erfahren, dass das Unternehmen völlig überraschend verkauft wurde. Bei der Betriebsversammlung wurde sie über ihre Möglichkeiten informiert:

• Zum einen kann sie ihren Job als Gebietsverkaufsleiterin weiter ausüben. Da der neue Standort 670 Kilometer weit weg ist, beinhaltet dies jedoch ein Übersiedeln und somit Zurücklassen der lieb gewordenen Umgebung und Freunde.
• Oder sie geht zwei Stufen zurück und wird wieder Außendienstmitarbeiterin. Dies beinhaltet Gehaltsverlust und nicht zuletzt Statusverlust.

Genau in dieser Situation und in dieser Stimmung ruft sie Sie an und bittet um ein Gespräch.

Was, denken Sie, erwartet Ihre Freundin von Ihnen in erster Linie?
Genau: In erster Linie erwartet sie ein Ohr, und zwar ein geduldiges, offenes und wohlwollendes.
Wie Sie das schaffen? Ganz einfach:

Regel Nummer eins: Klappe halten
Regel Nummer zwei: Klappe halten
Regel Nummer drei: Klappe halten

Für Männer ist das mitunter eine echte Herausforderung.
Sofort denkt der Problemlöser im Mann: Was würde ich an deiner Stelle tun? Welche Referenzerfahrungen habe ich damit? Was ist das Beste für dich, liebe Freundin?

Ganz so, wie er Lösungsversuche anbringt, wenn es um verstopfte Abflüsse, defekte Fernseher oder kaputte Rasenmäher geht.

Rat suchende Freunde sind keine kaputten Rasenmäher.

Jaja. Steven Covey hatte schon Recht, wenn er meint, dass wir mit unseren Sinnen zu wenig bei unserem Gegenüber sind.

Ist diese Problemlösungskompetenz plötzlich nicht mehr gefragt?
Doch, sie ist weiterhin ein tolles Werkzeug.
Jedoch nur, wenn die Zeit dafür gekommen ist. Und wann ist das?
Genau dann, wenn es unser Gegenüber signalisiert. Und zwar mit all seinen Kommunikationskanälen.

Im Verkauf
Im Verkauf ist die Situation ganz ähnlich. In gewisser Weise sind Sie der Problemlöser für Ihre Kunden. Sie können ihm mehr Lebensqualität, mehr Prestige, mehr Umsatz, bequemere Arbeitsweise, weniger Probleme und dergleichen mehr mit Ihrem Produkt oder Ihrer Dienstleistung verschaffen.

Es ist Ihr Kunde, der entscheidet, welchen von all diesen Vorteilen er mit Ihrem Angebot erreichen möchte.

Es macht wenig Sinn, in ein Gespräch zu gehen und zu präsentieren, was Ihr Produkt und Ihre Dienstleistung alles »kann«. Möglicherweise präsentieren Sie genau jenen Vorteil, auf den der *Großteil* Ihrer Kunden abzielt. Es ist jedoch unerheblich, was der *Großteil* der Kunden will. Entscheidend ist *nur*, was Ihr *momentaner* Gesprächspartner will.

Seien Sie deswegen aufmerksam. Geben Sie Ihrem Kunden genug Raum und Zeit, sich auszudrücken. Er wird Ihnen klar signalisieren, wann Ihre Lösungskompetenz gefragt ist.

4. Kommunikationsgrundlagen

Wir schreiben das Jahr 1969.
Albert Mehrabian, ein US-Wissenschaftler veröffentlicht eine Studie,
die uns noch heute zu ungläubigem Kopfschütteln veranlasst.

Der Reihe nach:

Szene 1
*Stau auf der Stadtautobahn. Sie werden Zeuge einer bizarren Szene,
die sich auf europäischen Straßen immer wieder abspielt.*
*Ein Autofahrer scheint es besonders eilig zu haben, fährt auf der frei-
en Mittelspur nach vorne und drängt sich im letzten Moment nach
rechts in die Abbiegespur, um so vier Minuten seiner wertvollen
Lebenszeit gespart zu haben.*
*Leider hat er einem anscheinend sehr stolzen Mann die Vorfahrt
genommen. Auf der Abbiegespur kommt der Verkehr komplett zum
Erliegen. So kurbelt der um die Vorfahrt Betrogene das Fenster runter
und schreit Herrn Lebenszeitsparer zu:* »Sie fahren wie eine Sau!«
*In dem Moment reißt dieser seine Autotür auf und stürmt mit hoch-
rotem Kopf zum offenen Seitenfenster des Hintermannes.*
Nur mehr die Polizei kann die beiden besänftigen ...

Szene 2

Zwei Männer stehen in einem Lokal und plaudern über eine Dame am anderen Ende der Bar. Nach einem Bier schließen sie eine Wette ab, wer den Mumm habe, zu der Frau hinzugehen und sie anzusprechen. Einer der beiden fasst seinen Mut zusammen und geht hin und wechselt ein paar Worte mit der Schönheit. Als er zurückkommt, grinst ihn sein Freund verschmitzt an, stößt ihn leicht mit dem Ellbogen in die Seite und zwinkert ihm zu. Dabei raunt er ihm ins Ohr: »Du bist doch eine Sau«.

Und was macht der andere? Geht er hin und beginnt einen Streit, weil er von ihm als »Sau« beschimpft wurde?
Nein, er freut sich, grinst über das ganze Gesicht und lädt zum nächsten Bier ein.

Wieso erleidet der eine einen cholerischen Anfall, und wieso lädt der andere zu einem Drink ein – beim selben Wort?

Diese und ähnliche Phänomene hatten Wissenschaftler, unter ihnen Dr. Albert Mehrabian, zum Nachdenken angeregt.

Mehrabian beschäftigte sich ursprünglich mit Ingenieurwesen und Naturwissenschaften, bevor er sich der Psychologie zuwandte.
Diese Vorbildung hat ihm geholfen, die an sich schwer messbaren Erkenntnisse in der Psychologie mit dem Gedanken der Messbarkeit zu versehen.
Seit Galileo Galilei war es ein Grundsatz der Naturwissenschaften, dass nur Gültigkeit hat, was messbar ist. Und was nicht messbar ist, muss messbar gemacht werden.
Mehrabian hat psychometrische Skalen angewandt, um seine erstaunlichen Errungenschaften nachvollziehbar zu machen. Diese Skalen werden heute noch verwendet, um Menschen mit hoher emotionaler Intelligenz zu finden.
Auch hat er ein dreidimensionales mathematisches Modell entwikkelt, für die präzise generelle Messung von Gefühlen.[1]
Mehrabian hat nun in langer Forschungsarbeit herausgefunden, dass in der menschlichen Kommunikation nicht nur der Inhalt wichtig ist, sondern dass auch andere Kanäle zum Tragen kommen.

Schauen wir uns das anhand von Übungen an.

Übung
Sammeln Sie Stichworte dafür, welche Möglichkeiten wir Menschen für unsere Kommunikation zur Verfügung haben.

(Hilfe: Stellen Sie sich folgende Situation vor:
Die Tür geht auf und eine Person betritt den Raum, die Sie noch nie gesehen haben.)

Wie kommuniziert diese Person in den ersten Sekunden mit Ihnen?

•

•

•

•

•

•

•

•

•

•

•

•

Lösung (Beispiele)
- Mimik
- Lautstärke
- Kleidung
- Sprechtempo
- Tonfall
- Gestik
- Sprechmelodie
- Gerüche
- Pausen
- Inhalt
- Dialekt
- Äußeres Erscheinungsbild

Übung
Fassen Sie jetzt die Kommunikationsmittel sinnvoll in Gruppen zusammen.

Sinnvollerweise ergeben sich drei Gruppen.

Gruppe 1
- Mimik
- Kleidung
- Gerüche
- Gestik
- Äußeres Erscheinungsbild

Gruppe 2
- Tempo
- Tonfall
- Lautstärke
- Dialekt
- Sprechmelodie

Gruppe 3
- Inhalt

Diese drei Gruppen entsprechen den drei Kommunikationskanälen.

Gruppe 1
Nonverbale Faktoren (Körpersprache)

Gruppe 2
Verbale Faktoren (oder: »wie sagen wir etwas«)

Gruppe 3
Inhalt

Albert Mehrabian fragte sich nun: »Wie hoch ist der Prozentsatz der einzelnen Kanäle in der Kommunikation?«
Das heißt:

- Wie viel Prozent unserer Kommunikation läuft über den Inhalt?
- Wie viel Prozent läuft über verbale Faktoren
  (»Wie« sagen wir etwas [laut, schnell ...?])
- Wie viel Prozent laufen über nonverbale Faktoren (Körpersprache)?

Übung
Geben Sie bitte Ihre persönliche Schätzung ab:

... Prozent Inhalt

... Prozent verbale Faktoren

... Prozent nonverbale Faktoren

Lösung

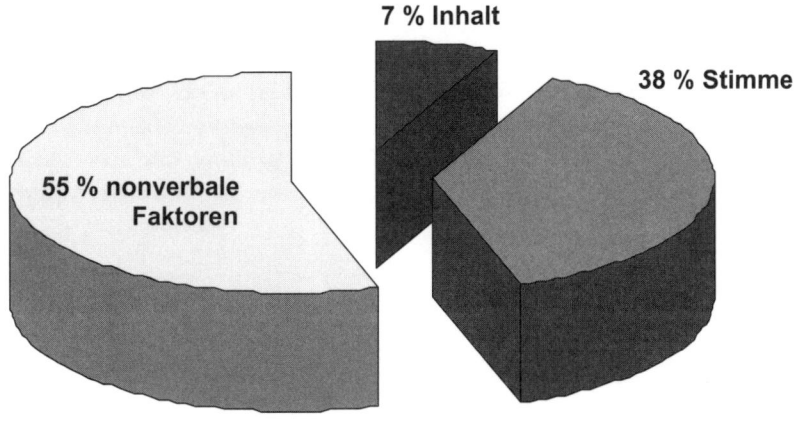

7 % Inhalt

38 % Stimme

55 % nonverbale
Faktoren

Dies scheint unglaublich? Stimmt, das ist wirklich eine faszinierende Erkenntnis.

Zwei Beispiele, wie sehr wir über jene 93 Prozent kommunizieren, die nicht den Inhalt betreffen:

Beispiel 1
Es ist Montag, 7.30 Uhr. Ein wenig verärgert sind Sie schon. Warum will der Neukunde den Termin schon um 7.30 Uhr? Und das an einem Montag.
Eigentlich hassen Sie Termine zu dieser Stunde. Die Woche will schließlich entspannt angegangen werden. Na ja, da hilft wohl kein Jammern. Das Büro befindet sich in diesem neuen Hochhaus am Rande der Stadt. Im elften Stock. Schon auf der Hinfahrt mussten Sie sich über andere Verkehrsteilnehmer ärgern. So war es wohl nichts mit Entspannung. Wenigstens ist in dem Bürogebäude noch die morgendliche Ruhe, und Sie warten alleine vor dem Lift. Gerade als die

Aufzugstür hinter Ihnen schließt, huscht noch ein Mann in die Lift-kabine.
– O mein Gott! Der stiiiiiiiinkt nach Schweiß! Uff, und das um 7.30 Uhr am Morgen.
Eine Menge Gedanken gehen Ihnen durch den Kopf. Keinen davon möchten Sie diesem Unbekannten so direkt ins Gesicht sagen ...
Angekommen im elften Stock, melden Sie sich an der Rezeption an. Sie werden um ein paar Minuten Geduld gebeten. Schließlich werden Sie in das Büro begleitet. Die Tür wird geöffnet, und wen sehen Sie? Jawohl, genau jenen Mann, den Sie schon im Lift beschnuppern konnten.

Wurde da schon kommuniziert? ☺

Beispiel 2
Andrea hat sich dazu entschlossen, ihr Heim neu zu gestalten. Dazu braucht sie ein wenig Unterstützung von der Bank. Einen fünfstelligen Betrag möchte sie von ihrem Bankmitarbeiter haben. Zu günstigen Konditionen und ohne zusätzliche Besicherung, wenn möglich.
Bevor sie sich auf den Weg macht, steht sie vor dem Kleiderschrank.

Welche Kleidung würden Sie ihr empfehlen?
Möglicherweise empfehlen Sie ihr Kleidung, die Seriosität und Vertrauen vermittelt.
Ein Outfit, das vermittelt: »Sie können mir Ihr Geld ohne weiteres leihen. Ich werde Ihnen den Betrag zur ausgemachten Zeit zurückzahlen! Darauf können Sie sich bei mir verlassen!«

Die Gesamtheit von Andreas Auftreten gibt ihr erst jene Vertrauenswürdigkeit, die sie braucht, um an ihr Ziel zu gelangen.
Worte alleine werden das Bankhaus möglicherweise nicht ausreichend überzeugen.

Andrea öffnet die Tür der Bank. Sie meldet sich an. Ihr Berater ist noch beschäftigt, und so wird sie um ein paar Minuten Geduld gebeten. Dabei hat sie Zeit, ein wenig Eindrücke zu sammeln. Ein angenehmes Gefühl macht sich bei ihr breit. Ruhige Atmosphäre, keine lauten und hektischen Geräusche. Bürozimmer mit Glasfront und heller Beleuchtung. Die Einrichtung schaut schon auf den ersten Blick hochwertig aus. Wow, auch die Mitarbeiter scheinen diesen Eindruck zu bestätigen. Viele in dunklen Anzügen, Kostümen und strahlend weißen Hemden und natürlich alle Männer mit Krawatten. Gediegene Umgebung. Toll, hier zu sein, denkt sich Andrea.

Sie stellt sich die Frage, ob diese Atmosphäre auf die meisten Kunden eine ähnliche Wirkung hat … und ob all die Auslöser für diese Eindrücke von der Bank rein zufällig gewählt wurden …
Sie kann den Gedanken nicht zu Ende denken, denn sie wird von ihrem Berater abgeholt … Als sie ihn erblickt, bleibt ihr der Mund offen stehen.
Langes Haar, das Tattoo bedeckt den ganzen rechten Arm, der in einem ärmellosen T-Shirt steckt. »The Sex Pistols« *steht auf dem Oberteil. Und etwas, das irgendwann einmal* »Anarchy« *geheißen haben mag, bevor die Schrift zu ausgewaschen war. Bermudas und Badelatschen* »runden« *das Bild ab.*
Nur zögerlich folgt Andrea dem Mann. Vorbei an den schönen Büros mit den elegant gekleideten Menschen ganz nach hinten. In einen Raum, der in ihrer Firma höchstens als Kopierraum dienen würde.

Ohne auch nur ein Wort mit ihrem Ansprechpartner gewechselt zu haben, wurde zwischen Andrea und dem Bankmitarbeiter schon viel kommuniziert.
Welche Gefühle sind bei Andrea möglicherweise hochgekommen?
Wie haben sich die Gefühle im Laufe ihres Erlebnisses verändert?
Wie »stimmig« ist das Auftreten des Bankmitarbeiters im Verhältnis zum Image der Bank?

Authentizität und Kongruenz
Uns allen ist mehr oder weniger bewusst, dass wir nicht nur auf das Gesagte in der Kommunikation reagieren. Es gibt Situationen, in denen wir vermuten, dass das Gesagte nicht so gemeint ist, wie es die Worte widerspiegeln sollen. Mehr noch: Unbewusst schenken wir den nonverbalen Signalen mehr Glauben als dem gesprochenen Wort.
Wir haben ein feines Sensorium, das uns klar zu erkennen gibt, ob das gesprochene Wort mit der Körpersprache übereinstimmt.

Diese Übereinstimmung nennt man »Kongruenz«.

Wenn diese »Kongruenz« sehr hoch ist, also Inhalt und Körpersprache sehr stimmig sind, dann erscheint uns eine Person glaubwürdig und somit *authentisch*.

Wichtig

Sind die sieben Prozent Inhalt nun gar nicht mehr wichtig?

Nein, ganz und gar nicht. Der Inhalt muss ebenso stimmig sein wie die Körpersprache und die verbalen Faktoren.

Nur eines gebe ich zu bedenken:

Auch wenn Sie den Inhalt perfekt beherrschen, Sie decken damit nur sieben Prozent der menschlichen Kommunikation ab.

5. Die Ebenen der Kommunikation

Übung
Nehmen Sie bitte einen Stift und zeichnen Sie einen Sessel.

Nun vergleichen Sie Ihren Sessel mit diesem

Na, gleicht dieser Sessel Ihrem?
Wahrscheinlich nicht.

Unsere Kommunikationsmöglichkeiten sind stark limitiert.
In unseren Köpfen haben wir alle die klarsten und eindeutigsten Vorstellungen, aber sobald wir sie beschreiben müssen, wird es eng.

Jetzt stellt sich die Frage, wie wir die detaillierten Vorstellungen aus unseren Köpfen in die Köpfe unserer Gesprächspartner bekommen.
Dazu haben wir »nur« ein Mittel zur Verfügung:

die Kommunikation.

Kommunikation »passiert« folgendermaßen:
Der Sender codiert seine Gedanken in eine Botschaft. Beim Codieren gehen naturgemäß viele Informationen verloren. Manches wird verkürzt, und einiges fällt einfach weg, weil wir es nicht schaffen, die Vorstellungen zur Gänze in Worte und körpersprachliche Signale zu fassen.
Der Empfänger decodiert sie wieder und bildet sich seine eigenen Gedanken. Dabei verkürzt auch *er* die Botschaft. Hinzu kommt, dass der Empfänger die Botschaft nach *seinen* Vorstellungen decodiert. Damit kommt nicht mehr genau das an, was der Sender losgeschickt hat.

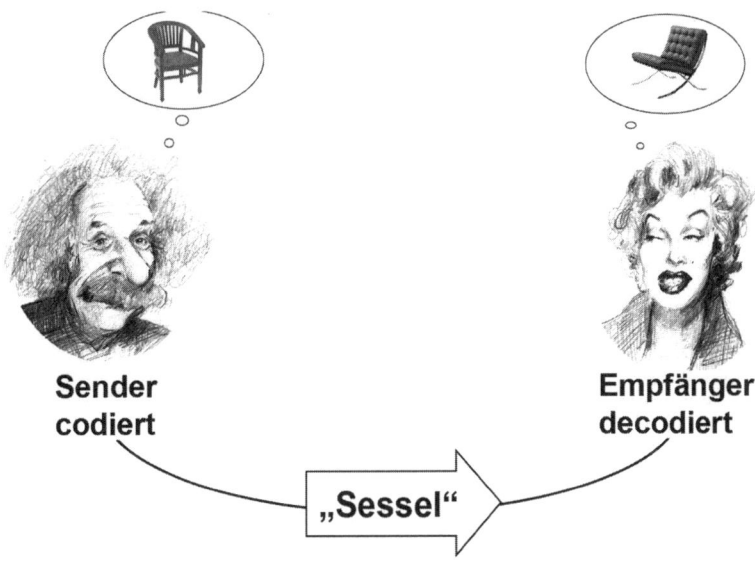

Die Wahrscheinlichkeit, dass der Empfänger ganz genau dasselbe empfängt, wie der Sender aussendet, liegt bei **null Prozent**.

Paul Watzlawick meint deswegen:

> **»Missverständnisse sind die Regel und Verständnisse die Ausnahme.«**

5.1 Wege aus dem Dilemma

Es gibt mehrere Möglichkeiten, die Wahrscheinlichkeit zu erhöhen, dass unsere Gedanken so ankommen, wie wir es wollen.

5.1.1 Die Sachebene

In der Sachebene geht es darum, **was** gesagt wird – um den Inhalt des gesprochenen Wortes.

Im Fall unseres Sessels:

- Größe
- Farbe
- Material
- Form
- Beschaffenheit der Oberfläche
- Weichheit der Sitzfläche
- usw.

Im Verkauf sind das die **Zahlen, Daten und Fakten** der Dienstleistung oder des Produkts.

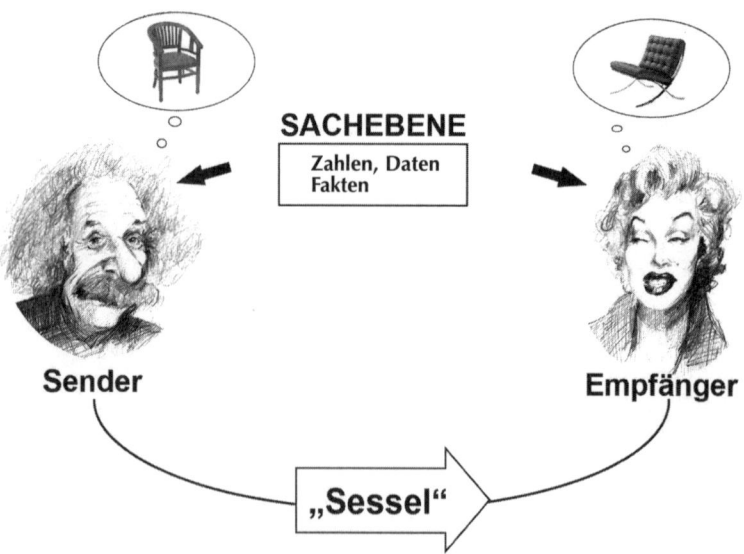

Je verständlicher Sie die Informationen in Worte fassen, umso besser erreichen Sie Ihre Zuhörer.

Formulieren Sie Ihre Zahlen, Daten und Fakten daher:

einfach
- Vermeiden Sie Fremdwörter
- Leichte, verständliche, bildhafte Wörter

kurz
- Kurze Sätze
- Prägnante Aussagen

und verwenden Sie
Analogien (= Entsprechung, Metapher)
- Verwenden Sie Worte und Beispiele
- Aus der Erlebniswelt des Zuhörers

Je einfacher Sie formulieren, umso höher ist die Wahrscheinlichkeit, dass der Empfänger Sie versteht. Erläutern Sie Ihre Informationen mit Beispielen, die aus der Lebenswelt des Empfängers stammen. Je mehr solcher Analogien Sie verwenden, umso klarer wird die Vorstellung in den Köpfen Ihrer Zuhörer.

Beispiel
Sachinformation: Das Teil ist 3 × 5 × 1 cm groß.
Analogie dazu: Das Teil ist in etwa so groß wie eine Zündholzschachtel.

5.1.2 Die Beziehungsebene

Die Beziehungsebene ist die Art und Weise, **wie** etwas gesagt wird. Der Sender kann beim Empfänger weit mehr bewegen, wenn er in einer Sprache spricht, die Emotionen weckt und eine positive Beziehung aufbaut.

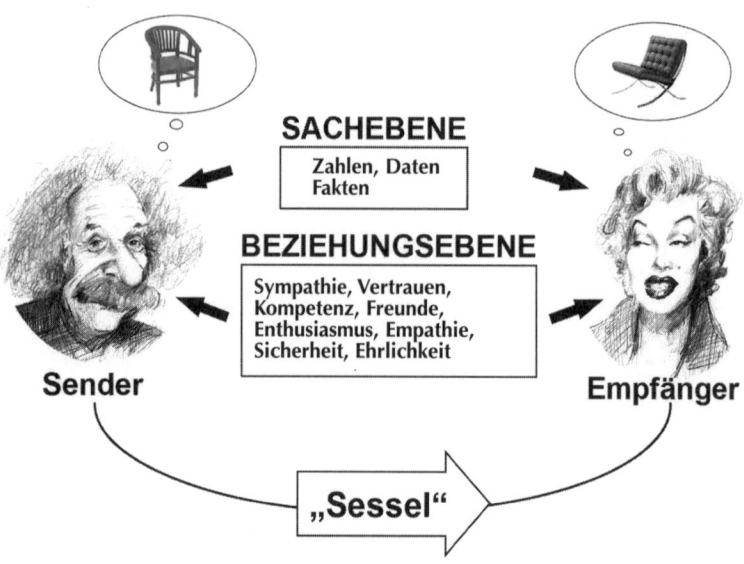

Je positiver die Beziehung zwischen Sender und Empfänger, umso eher wird die Nachricht vom Empfänger akzeptiert beziehungsweise gehört.

Zur Beziehungsebene zählen: verbale Faktoren und nonverbale Faktoren.

Mit den gesprochenen Worten gehen immer Signale auf der Beziehungsebene einher. Sie liefern *immer* zusätzliche Informationen darüber, *wie* der Sender etwas gemeint hat – witzig, verärgert, gelangweilt, ironisch etc.

Je negativer die Beziehung zwischen Sender und Empfänger, umso stärker wird der *psychologische Nebel*[2], der wie ein Störfaktor die Informationen auf der Sachebene verschluckt. Diese negative Beziehungsebene wird dann so dominierend, dass der Inhalt darüber verloren geht – wir nehmen nur mehr den Ärger wahr und überhören den Inhalt der Worte[3].

Beispiel
Wenn ich den Vertreter einer politischen Partei nicht mag, so höre ich gar nicht mehr, ob er in der Sache selbst vielleicht Recht hat.

Wichtig ist daher Folgendes
- Positive Einstellung zu den Menschen, die Ihnen zuhören
- Eingehen auf die Bedürfnisse der Empfänger
- Je positiver die Beziehung, umso besser und klarer wird die Nachricht ankommen

Übung
Welche Erkenntnisse ziehen Sie daraus für Ihre Verkaufsgespräche?

-
-
-
-
-
-
-
-
-
-
-

6. Die Kunst, Körpersprache zu »lesen«

Ein Mensch steht mit verschränkten Armen vor Ihnen.

Frage:
Was könnte das bedeuten?
Ist dieser Mensch verschlossen? Verklemmt? Abweisend?

Antwort:
Wir wissen es nicht genau, da wir zu wenige Informationen haben, um einen Menschen als »abweisend« zu definieren.

Halbwissen
Gefahr Nummer eins ist es, sich auf Halbwissen zu berufen.
Der US-amerikanische Anthropologe Ray L. Birdwhistell meinte dazu:

»Keine körperliche Haltung oder Bewegung hat eine exakte Bedeutung per se. Körpersprache und Sprache sind voneinander abhängig.«

Ein weit verbreiteter Irrtum ist es, einzelne Körpersignale isoliert zu betrachten.
Arme überkreuzen kann vieles mehr bedeuten als »Verschlossenheit«:

- Mir ist kalt
- Fleck auf dem Hemd
- Geschwollene Finger
- Ich höre gerne zu, möchte aber keine »Hand«-lung setzen
- usw.

Deshalb drei Grundregeln für das »Lesen« von Körpersprache:

Regel 1

Suchen Sie immer nach Clustern!

Mindestens drei Signale müssen erkennbar sein, die alle in dieselbe Richtung deuten. Man spricht dann von Clustern.

Beispiel

- Verschränkte Arme mit verkrampften Fingern, tief gezogene Brauen, Kopf gesenkt, versteckter Hals, Blickkontakt von der Seite, nach unten gezogene Mundwinkel, weggedrehter Körper – kann Verschlossenheit signalisieren.
- Verschränkte Arme mit entspannten Fingern, Blickkontakt von vorne, offene Augen, hohe Augenbrauen und ehrliches Lächeln – kann Interesse signalisieren.

Übung
Welche Elemente passen zu

Offenheit? ....

Verschlossenheit? ....

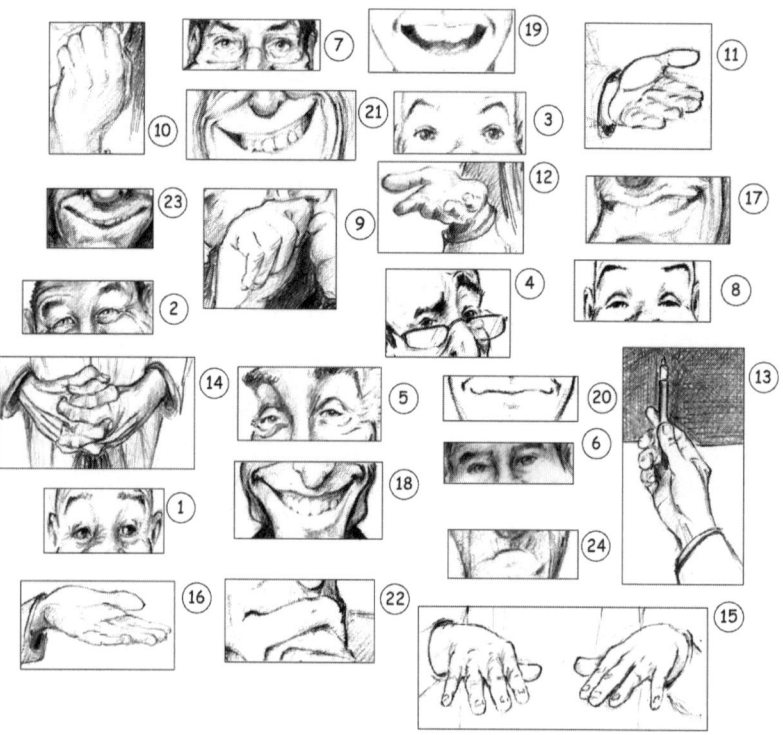

Regel 2

Der Zusammenhang!

Wenn Sie das nächste Mal eine Wintersportveranstaltung besuchen, können Sie mitunter Zuschauer beobachten, die mit verschränkten Armen dastehen.
Auch sie ziehen vielleicht den Kopf nach unten so, dass der Hals versteckt ist. Die Finger sind auch verkrampft. Und doch wäre es hier übereilt, von »Verschlossenheit« zu sprechen. Die Ursache könnte einfach die Kälte sein.
Dieselbe Haltung bei Zuhörern Ihres nächsten Vortrags wäre allerdings »bemerkenswert«.

Regel 3

Veränderung!

Meiner Ansicht nach die entscheidendste Regel.
Es geht in der Körpersprache nicht sosehr darum, das eine oder andere Signal zu deuten. Es geht auch nicht darum, in Panik zu geraten, wenn Sie »Abwehrsignale« wahrnehmen.
Vielmehr geht es darum, Tendenzen wahrzunehmen – wie sich die Körpersprache Ihres Kunden im Laufe des Gesprächs verändert.
Wird Ihr verschlossener Gesprächspartner ein wenig offener? Wird der »Zappelphilipp« plötzlich ganz statisch? Wird das Gespräch immer ruhiger? Beginnt der Todernste zu lächeln?
Es geht darum, solche Tendenzen wahrzunehmen.
Je aufmerksamer Sie diese wahrnehmen, desto schneller und erfolgreicher werden Sie zu einer Win-win-Situation mit Ihrem Kunden kommen.

Beispiel

Mario ist Außendienstverkäufer eines IT-Anbieters. Er ist drauf und dran, eine neue IT-Lösung für ein Pharmaunternehmen zu verkaufen. Den Verkaufsleiter des Unternehmens kennt er schon einige Zeit, und das neue Modul ist schon im Testlauf.

Nun sollte es ein Gespräch geben, um ein Zwischenfeedback einzuholen und die bisher gemachten Erfahrungen des Pharmaunternehmens kennen zu lernen.

Mario hatte erfahren, dass auch der Geschäftsführer am Gespräch teilnehmen will. Darüber war er nicht ganz glücklich. Vom Verkaufsleiter wusste Mario, dass der Geschäftsführer die Lösung des Mitbewerbers bevorzugen würde.

Der Beginn des Gesprächs war, wie Mario es bereits befürchtet hatte. Die Ablehnung des Unternehmensleiters war deutlich zu spüren.

Den ganzen Körper hat er weggedreht. Weit zurückgelehnt blickte er ihn nur von der Seite an. Augenkontakt gab es nur, wenn es sich nicht vermeiden ließ. Arme und Beine waren eng ineinander verschränkt. Die Hände waren so unter den Armen versteckt, dass sie nicht sichtbar waren. Das Gesicht verriet Strenge und Entschlossenheit. Die Visitenkarte von Mario nahm er entgegen, machte jedoch keinerlei Anstalten, eine von sich herzugeben. Er schob Marios Karte von sich weg in Richtung Verkaufsleiter, ohne überhaupt Namen und Funktion gelesen zu haben.

Auf Fragen von Mario antwortete er nur sehr knapp.

Am Ende des Gesprächs war der Körper neutral zwischen Verkaufsleiter und Mario positioniert. Die Beine waren immer noch überschlagen, jedoch waren die Arme locker auf die Oberschenkel gelegt, sodass Mario beide Handrücken sehen konnte.

Die Körperhaltung war immer noch nach hinten gelehnt, und wirklich viel sprach der Geschäftsführer nicht. Das eine oder andere Mal lachten alle drei gemeinsam. Am Schluss ging der Geschäftsführer in sein Büro und holte eine Visitenkarte, die er beim Verabschieden übergab.

Objektiv betrachtet, gab es auch am Schluss des Gesprächs noch einiges, das auf Ablehnung schließen ließe. Das Spannende war

jedoch zu beobachten, dass Veränderungen stattgefunden haben. Ein leichtes Öffnen und Entspannen. Dies gilt es wahrzunehmen.
Dass er am Schluss immer noch mit verschränkten Armen dagesessen ist, mag nicht die Idealsituation sein.
Und es ist manchmal illusorisch, davon auszugehen, dass ablehnende und verschlossene Menschen einem am Ende jubelnd um den Hals fallen.

Auch bei vielen Streitgesprächen würde es nicht zu Eskalationen kommen, wenn die veränderten Signale rechtzeitig wahrgenommen werden würden.

Deswegen: Nehmen Sie kleine Unterschiede wahr. Erkennen Sie, wenn sich die Situation verschiebt. Zum Guten oder zum Schlechten. Sie werden schnell bemerken, was beim Kunden positiv aufgenommen wird und was nicht. Entsprechend können Sie sich seinen Bedürfnissen schneller und zielführender annähern.

6.1 Körpersprache und Gefühle

Messbar und somit objektiv beurteilbar muss Wissenschaft sein. Dies war und ist immer noch eine wissenschaftliche Maxime.
Als in den 1980er-Jahren Antonio R. Damasio mit seinem Buch »Descartes' Irrtum«[4] für Aufsehen sorgte, hatte er gegen diese Maxime anzukämpfen.
Descartes prägte den Satz »Cogito ergo sum«. »Ich denke, also bin ich.«
Nur weil ich denken kann, bin ich tatsächlich existent. Nur durch das verstandesmäßige Denken, durch die »Ratio«, unterscheiden wir Menschen uns von anderen Lebewesen, meinte Descartes.

Der schottische Philosoph David Hume ging noch weiter und meinte gar, dass wir nur durch ein System aus Gehirnfunktionen unser Weltbild formen würden.
Er schrieb: »… so kann ich es wagen … zu behaupten, dass (wir) nichts sind als ein Bündel oder ein Zusammen verschiedener Perzep-

tionen, die einander mit unbegreiflicher Schnelligkeit folgen und beständig im Fluss und Bewegung sind.«[5]

Nun kam Damasio, und er erneuerte dieses Bild. Er ergänzte das »Denken« um das »Fühlen«.
Anhand von Fallstudien hirnverletzter Patienten machte der Forscher plausibel, dass unser rationaler Verstand ohne emotionale Leitung gar nicht funktionieren würde.
Mehr noch: Unsere Gefühle sind nicht der Gegenspieler des Intellekts (»Jetzt sei doch endlich sachlich«). Sie durchdringen vielmehr unsere Vernunft und formen sie damit.

»Ein Mensch besteht nicht nur aus dem Gedächtnis.
Er verfügt auch über Gefühle und Empfindungen,
über einen Willen, über moralische Grundsätze ... in diesem
Bereich ... finden Sie vielleicht eine Möglichkeit,
ihn zu erreichen und eine Veränderung herbeizuführen.«

Alexander Romanowitsch Lurija
(Mitbegründer der Neuropsychologie)

Können wir uns überhaupt eine Tätigkeit vorstellen ohne Gefühle? Selbst den »rationalsten« Tätigkeiten liegen Gefühle zugrunde. (Zum Beispiel: »Ich fühle mich gut, da ich ganz ›rational‹ und ›analytisch‹ vorgegangen bin.«)

Ein Großteil der Kaufentscheidungen von uns Menschen wird auf der emotionalen Ebene getroffen.
Untersuchungen belegen, dass sogar bis zu 93 Prozent aller Kaufentscheidungen auf der emotionalen Ebene getroffen werden.

Gut, dass es uns Männer gibt

Wir Männer wussten schon immer, dass Frauen ein wenig emotional handeln. Zu emotional. Sie können ja nichts dafür. Sie sind eben so. Deutlich, ja fast grausam ersichtlich ist dies beim Autokauf. Frauen betreten einen Autosalon, als ob es ein Waschsalon wäre. Ohne jegliche Ehrfurcht. Sie sehen sich die Autos kurz an. Fragen nicht einmal nach Reifendimension, Drehmoment und c_w-Wert. Das Einzige, was sie zu interessieren scheint, ist die Farbe. Und ob die Fußmatten auch ja zur Außenfarbe passen. Wenn das Modell dann auch noch als Cabrio verfügbar ist, schlagen sie schon zu.

Wir Männer sind da schon ein wenig vernünftiger.

Bei einer so großen Investition wird nach klar messbaren und rationalen Gesichtspunkten entschieden.

Viel elektronische Fahrunterstützung in Extremsituationen ist uns wichtig. Natürlich braucht es ein paar PS mehr. Wegen der aktiven Sicherheit, damit wir schnell aus eventuellen Gefahrenzonen rauskommen ... (und nicht, weil es einfach geil ist, den asiatischen Reiskocher an der Ampel neben uns an seinen Platz zu verweisen ... ehrlich).

Aus reinen Qualitätsgründen entscheiden wir uns eben für einen etwas teureren Oberklassewagen der Premiummarke (... nur aus diesem Grund und nicht um unseren Nachbarn zu beweisen, dass wir uns ein wenig mehr leisten können ... ehrlich).

Dass es dann doch der riesengroße Geländewagen wurde, ist auf sachliche Entscheidungen zurückzuführen. (... und nicht, weil es uns einfach gut tut, die Verkehrsteilnehmerkollegen von oben zu betrachten ... ehrlich.)

Ach, wir Männer sind eben viel vernünftiger ... ehrlich.

Männer treffen Entscheidungen genauso oft aus emotionalen Gründen wie Frauen. Sie versuchen nur ihre emotionalen Entscheidungen rational zu erklären.

Im Verkauf

Für Verkäufer ist es entscheidend, dies anzuerkennen. Es ist einfach okay, dass wir Menschen sehr gefühlsgetriebene Individuen sind. Wir selbst und auch unsere Kunden. Diese Gefühle äußern sich immer in einer körpersprachlichen Handlung nach außen. Und das ist das Spannende.

Erfolgreiche Verkäufer haben somit erkannt, dass zuallererst eine positive Gefühlsebene geschaffen werden muss.

Der einfachste Zugang zu den Emotionen des Kunden ist immer die Körpersprache.

(Vgl. Kapitel 13., Spiegeln)

Eine Stadt, die auf einem Berg liegt, kann nicht verborgen bleiben.
Man zündet auch nicht ein Licht an und stellt ein Gefäß darüber.
Sondern man stellt es auf den Leuchter,
dann leuchtet es allen im Haus.

(Mt 5,14–16)

7. Der erste Eindruck

140 000 vor Christus. Vorfrühling. Kurz nach Sonnenaufgang. Es scheint, ein schöner Tag zu werden.
Sie sind diesmal an der Reihe. Rauszugehen. Alleine. Den ganzen Tag lang. Die Verantwortung lastet auf Ihren Schultern. Der Wachposten ist zirka zehn Meter vor Ihrer Behausung. Da, wo die Landschaft einen guten Überblick bietet. Beim Rausgehen spüren Sie die erwartungsvollen Blicke im Rücken. Gerade jetzt, nach der kalten Jahreszeit, kann es unangenehm werden. Die Erfahrung zeigt, dass nach der langen Winterpause die Gefahr am größten ist. Die lange Pause macht sie hungrig und ausgezehrt. Damit werden sie unberechenbar. Wenn sie kommen – zu nahe kommen –, ist es zu spät, gibt es kein Entkommen. Für niemanden. Entweder Sie erliegen gleich den Verletzungen, oder Sie sterben im Laufe der darauf folgenden Tage. Hier geht es um Leben und Tod. Um Ihr Leben. Und um das Ihrer Verwandten. Sechs Männer, acht Frauen, 22 Kinder.
Sie alle erwarten sich von Ihnen, aufmerksam zu sein – und im Ernstfall blitzschnell zu reagieren.

Sie stehen vor der Höhle und lassen Ihren Blick schweifen. Weit sehen Sie, sehr, sehr weit. Jede Bewegung nehmen Sie wahr. Nach einiger Zeit schalten Sie auf »Autopilot« und geben sich Tagträumen hin. Und bleiben trotzdem wachsam.
Es wäre Ihnen unmöglich, stundenlang aufmerksam und hoch konzentriert zu bleiben. Sie nützen Ihre eingebauten Routinen. Die Unterscheidung zwischen Freund und Feind wurde Ihnen in die Wiege gelegt. Wie selbstverständlich erkennen Sie, ob eine Bewegung »gefährlich« ist oder nicht. Ohne wirklich Details zu erkennen, schaffen Sie es, Alarm zu schlagen oder weiterzuträumen.
Da – plötzlich eine Bewegung links. Zirka 70 Meter entfernt von Ihnen. Blitzschnell erkennen Sie: die typische Fellfarbe, die dunklen Augen. Sie erkennen auch, dass dieses Tier den Kopf genau in Richtung Höhle gedreht hat. Es scheint Ihre Behausung »im Auge« zu haben. Sie schlagen Alarm.

Dies ist eine Fähigkeit, die wahrscheinlich nicht nur unserer Spezies den Fortbestand ermöglicht hat.

Das äußerst schnelle Erkennen, ob ein Gegenüber feindlich gesinnt ist oder nicht.

Wenn Sie in solchen Situationen erst »erfahren« wollten, ob das Tier vielleicht nur spielen wollte, hätte Ihre Sippe nicht überlebt.

Frei von bewussten Entscheidungen ging es damals vor allem darum einzuordnen:

Gehört mein Gegenüber zur selben Art, wie ich es gehöre?

Oder ist mein Gegenüber fremd und somit eine Gefahr für Leib und Leben?

Ist mein Gegenüber ein mögliches Opfer und somit eine Nahrungsreserve für mich? Ist mein Gegenüber ein potenzieller Fortpflanzungspartner?

Und heute?

Die Fähigkeiten, in wenigen Augenblicken zu entscheiden, haben wir auch heute noch.

Binnen weniger Augenblicke scannen wir Aussehen, Bewegungen, Gestik, Mimik, Gerüche, akustische Signale usw.

Sobald wir diesen ersten Eindruck gewonnen haben, gehen Schubladen in unserem Innersten auf, und unser Gegenüber verschwindet in einer darin. Ist die Schublade einmal geschlossen, machen wir sie nur mehr zögerlich auf.

Wir nehmen nur mehr »selektiv« wahr, was unser Bild untermauert. Selbst wenn sich der erste Eindruck zunehmend als unrichtig herausstellt, halten wir hartnäckig daran fest. Das erste Bild komplett zu verwerfen, würde unserem Sicherheitsverhalten widersprechen.

Ist es jedoch zwingend, das Bild entscheidend zu korrigieren, so bleibt unser erster Eindruck trotzdem in unserem Unterbewusstsein gespeichert und wird sofort wieder bestätigt, sobald wir auch nur ein Signal entdecken, das dafür spricht, ganz nach dem Motto: »Ich habe es ja gleich gewusst.«

»Meine Meinung steht fest. Irritieren Sie mich nicht durch Tatsachen!«

Konrad Adenauer

Tipp
Achten Sie daher darauf, gleich in der richtigen Schublade Ihres Gesprächspartners zu landen. Gleich ein positives, interessantes Etikett zu bekommen, denn ein positiver erster Eindruck erleichtert eine erfolgreiche Kommunikation.
Nutzen Sie die Chance des ersten Eindrucks – sie ist oft Ihre größte!

Übung

Was ist entscheidend für den ersten Eindruck?

-
-
-
-
-
-
-
-
-
-

Nicht nur Sie haben die Fähigkeit, Menschen schnell einzuschätzen. Ein Versuch verdeutlicht, dass der Großteil der Menschen erstaunliche Talente hat, binnen kürzester Zeit ein Urteil zu fällen.

Ein Team nutzte die Fülle von Daten über Testpersonen bei einer vorangegangenen Studie: Intelligenztests, Persönlichkeitstests, Einschätzung ihrer Persönlichkeit durch Menschen, die sie gut kannten, sowie kurze Videoaufnahmen.

Völlig fremden Beobachtern wurden kurze Sequenzen aus diesen Videoaufnahmen vorgeführt. Diese fremden Beobachter hatten die Aufgabe, Urteile über die Personen in den Videos abzugeben.

Die Einschätzungen waren verblüffend genau. Besonders spektakulär waren die Einschätzungen zur Intelligenz. Die Ergebnisse stimmten gut mit den Auflösungen der Intelligenztest überein. (Besonders das einfache Vorlesen von Schlagzeilen gab erstaunlich zuverlässig Auskunft.)

Erstaunlich war außerdem, dass sich das Urteil nach dem Zeigen weiterer Videosequenzen nicht verbesserte.

Vorteile

Was sind nun die Folgen dieser Fähigkeit?

Bereits erlebte Situationen müssen nicht immer wieder neu erlebt und erfahren werden – wir können im Vorhinein entscheiden. Damit können wir schneller zu Entscheidungen kommen.

Beispiel 1

Xaver kommt in ein Lokal. Er sieht eine Frau, die ihm gefällt, und beginnt einen Smalltalk mit ihr.

Wird Xaver mit der Dame über das zweifelhafte Handtor von Diego Maradona bei der Fußball-WM 1986 zu sprechen beginnen oder über die neuesten Niederquerschnittreifen eines italienischen Herstellers?

Wahrscheinlich nicht.

Warum ist das so? Ganz einfach: Xaver hat gelernt, dass es bei Frauen wahrscheinlich zielführender ist, herkömmliche Männerthemen beim Erstkontakt zu vermeiden.

Beispiel 2

Elisabeth fährt mit ihrem Auto. Musik dröhnend laut aufgedreht. Beide Hände am Armaturenbrett im Rhythmus mitklopfend, singt sie den Refrain lautstark mit. Plötzlich sieht sie einen uniformierten Mann auf ihrer Straßenseite.

Elisabeth hört sofort auf zu singen, dreht die Musik leiser und hält beide Hände am Lenkrad auf Position 9:15, wie sie es in der Fahrschule gelernt hat.

All das, weil sie blitzschnell erkannt hat: Mann – Uniform. Vorsicht! Das könnte ein Angriff auf die Geldtasche sein.

Vorsicht!

In der Schnelle unserer Entscheidungen treffen wir auch oft die falschen. Auch wenn uns die Vergangenheit gelehrt hat, wie man sich in bestimmten Situationen am besten verhält, heißt es nicht unbedingt, dass es auch in Zukunft die richtigen Entscheidungen sind.

Zu Beispiel 1

Die Dame könnte eine Fußballerin sein und weit mehr Details über das besagte Tor wissen als viele Männer. (Meine Nachbarin ist ein Beispiel dafür. Sie wäre mit diesem Thema umso leichter zu begeistern.)

Zu Beispiel 2

Der uniformierte Mann könnte einfach ein Parkwächter gewesen sein. Alle Aufregung umsonst.

Zusammenfassung

Im Sinne von Paul Watzlawick liegt in übereilten Fällen von Urteilen ein Grundübel der Kommunikation.

Wir treffen so oft Ersturteile über Menschen und meinen mit diesem ein Leben lang richtig zu liegen.

Mit den Folgen:

• Ein einmal gewonnener Eindruck muss beim Zeitpunkt des Urteils nicht der *einzig* richtige gewesen sein.
• Und es kann sich im Laufe der Zeit herausstellen, dass andere Eindrücke *hinzugekommen* sind, die ebenso richtig sind.

Leider kommen wir zu dieser Erkenntnis oft nicht mehr, da wir nur mehr versuchen, unseren ersten Eindruck zu »verifizieren«.

Auf der Suche nach Belegen für die Richtigkeit dieses ersten Eindrucks lassen wir andere Möglichkeiten außer Acht.

Die »Alle Polen stehlen Autos«-Geschichte

... ist doch so. Seien wir mal ehrlich. Das mit den Polen, meine ich. Jeder von uns hat schon von einem Freund gehört, dessen Vater erzählt hat, dass er von seinem Bruder mitbekommen hat, dass in der Kneipe am Nebentisch jemand erwähnt hat, einen zu kennen, der vor einiger Zeit mal einen Arbeitskollegen gehabt hat, der geglaubt hat sich zu erinnern, dass dessen Mutter beim Kaffeekränzchen aufgeschnappt hat, dass letztens in den Nachrichten ein Bericht, den er nacherzählt bekommen hat, über eine Autoklauerbande gelaufen sein soll. Er vermutet, dass es sich dabei um Polen gehandelt haben könnte.

Danach lesen Sie auf dem Titelblatt einer kleinkarierten – ääääähhh kleinformatigen Zeitung: »Polnische Autoklauer unterwegs!«

Und am Abend vor dem Fernseher hören Sie den beliebten Talkmaster in seiner Late-Night-Show einen Witz zum Besten geben. Den über Ihre Fahrt nach Polen und dass Ihr Auto schon dort ist und so weiter.

Das nächste Mal beim Einparken sehen Sie ein Auto mit polnischem Kennzeichen auf der anderen Straßenseite. Ein deutscher Mittelklassewagen. Also bitte. Wie wollen die sich das leisten? Das ist sicher ein geklauter Wagen. Neben dem Auto sehen Sie zwei Männer an der Hauswand lehnen. Sie schauen Ihnen beim Einparken zu. Na klar, die warten bis Sie das Auto allein lassen, und dann ... Denkste ... Besser, Sie fahren zwei Häuserblocks weiter ... Sicher ist sicher. Nicht, dass man falsch verstanden wird ... man hat ja nichts gegen Ausländer. Aber man weiß ja nie ...

Karl Popper meinte dazu, dass dieses **Verifizieren** (ständig nach Belegen für die Richtigkeit einer Annahme zu suchen) zu falschen Grundannahmen führe.

Besser sei es, meint Popper, zu **falsifizieren**.

Wir sollten ständig nach Beweisen suchen, die verdeutlichen, dass eine Annahme falsch sei.

In unserem Fall hieße das: Der Satz »Alle Polen stehlen Autos!« sei so lange falsch, bis ich alle Polen dieser Welt untersucht habe, ob wirklich jeder einzelne von ihnen Autos stiehlt.

Für die Praxis

Wenn Sie also einen negativen Eindruck von einer Person haben, versuchen Sie diesen zu falsifizieren. Suchen Sie nach Gegenindizien. Es wird Ihnen gelingen.

Sie werden damit eine große Menge an sympathischen Menschen kennen lernen. Ohne dabei neue Leute zu treffen. ☺

- Nutzen Sie all Ihre (Lebens-)Erfahrung. Achten Sie immer darauf, dass Ihre »Schubladen« ein klein wenig offen bleiben.
- Geben Sie Ihren Mitmenschen die Möglichkeit, aus einer negativen Schublade rauszukommen.
- Lassen Sie sich auch einmal eines Besseren belehren.

7.1 Erfolg

Wir alle auf dieser Erde fühlen uns durch »erfolgreiche« Menschen angezogen.

Einzig die Überlegung, »was« wir unter »Erfolg« verstehen, unterscheidet uns.

Ob Sportler, Führungskräfte, Musiker, Schauspieler, »Promis« oder auch Glaubensvertreter. Sie alle üben auf verschiedene Menschen einen positiven Reiz aus.

Wir folgen erfolgreichen Menschen leichter und »glauben« ihnen eher.

Sie wirken auf uns kompetenter, sympathischer und vertrauenswürdiger. Diese Eigenschaften interpretieren wir oft in diese Personen »hinein«. Sie müssen jedoch nicht unbedingt der Realität entsprechen.

(Dies wird immer dann deutlich, wenn populäre und beliebte Personen der Erfolg verlässt. Sobald sie Misserfolge ernten, werden ihnen all jene Fähigkeiten abgesprochen, die sie vor kurzem noch hatten – und mehr noch, es werden ihnen manchmal auch negative Fähigkeiten zugeschrieben.)

Damit einhergehend ist der Umstand, dass wir diese Menschen nicht mehr als »nachfolgenswert« erachten.

Wir Menschen suchen also nach *Eigenschaften*, die wir als ideal betrachten, und projizieren diese in Personen hinein.

Die Ideale bleiben meist dieselben. Nur die Menschen, die sie verkörpern, wechseln wir im Laufe unseres Lebens mehrmals aus.

War es in der Jugend der Popstar oder Schauspieler, ist es später der Sportler, Politiker oder Unternehmensgründer.

Somit könnte man sagen:

Nicht erfolgreiche Menschen sind sexy.
Erfolg an sich macht sexy.

Im Verkauf gilt:

Kunden kaufen lieber bei Menschen, die Erfolg verkörpern.

Kunde sein bei der Nummer eins, beim Marktführer und beim größten Anbieter ist ein Argument, mit dem heftig geworben wird.
Aus gutem Grund. Ein erfolgreicher Mensch oder ein erfolgreiches Unternehmen hat auf seinem Weg zur Nummer Eins vieles richtig gemacht.

Wichtig
Dabei geht es nicht darum, ob wir tatsächlich alles richtig machen.
Viel wichtiger ist, ob man von der Umwelt als »erfolgreich« **wahrgenommen** wird.

Einigen Markenprodukten schreiben wir Eigenschaften zu wie: Besonders sicher, hohe Qualität, optimale Verarbeitung, effektive Wirkungsweise und dergleichen mehr.
Bei genauer Auswertung (zum Beispiel Pannenstatistiken, Konsumententests, …) stellt sich oft heraus, dass genau diese Marken oft nur mittelmäßig oder gar mangelhaft abschneiden. Trotzdem greifen mehr Menschen zu diesen Artikeln.

Ähnlich ist es bei Menschen:
Für den Kunden ist es in den meisten Fällen nur schwer möglich, objektiv zu beurteilen, ob ein Verkäufer wirklich kompetent ist oder nicht. Dafür müsste er mindestens über ebenso viel Know-how verfügen über das Produkt, das uns verkauft wird, wie der Verkäufer.
Dies ist nur in Ausnahmefällen so.
Sehr oft entscheidet er nach seinem Gefühl.

Wenn wir das Gefühl haben, der Verkäufer »weiß, wovon er spricht«, »kennt sich aus«, »macht dies schon lange und berät mich richtig«, haben wir die Sicherheit, ihm folgen zu können.
Je eindeutiger und klarer uns der Verkäufer dies kommuniziert, desto erfolgreicher wird er in seinem Job sein.

Es ist für Menschen in Verhandlungs- und Verkaufspositionen wichtig, erfolgreich zu »wirken«.

Übung
Was bedeutet Erfolg für Sie?

-
-
-
-
-
-
-
-
-
-
-
-
-

Wie können wir erfolgreiche Menschen erkennen?

Personen, die sich sehr erfolgreich fühlen, verhalten sich anders als Personen, die sich nicht so erfolgreich einschätzen.

John T. Molloy, ein bekannter Kommunikationsforscher, nahm je 500 Menschen aus einer Gruppe mit überdurchschnittlichem Erfolg (er bezeichnet sie als »Oberklassler«) und aus einer Gruppe mit minder ausgeprägtem Erfolg (»Unterklassler«) mit versteckter Kamera auf. Die Filme wurden 1400 Testern vorgeführt. Dabei stellte er den Beobachtern Fragen wie: »Welche Erziehung hat diese Person?«, »Wie viel verdient sie?«, »Welches Art Auto fährt sie?«. Die Befragten konnten mit einer Trefferquote von über 80 Prozent beurteilen, welcher Klasse diese Personen zuzuordnen waren.[6]

Übung

Was machen erfolgreiche Menschen mit ihrer Körpersprache anders?

-
-
-
-
-
-
-
-
-
-
-

Die so genannten »Oberklassler« zeichneten sich zum überwiegenden Teil aus durch Folgendes:
- Aufrechte Körperhaltung
- Positive Körperspannung
- Die Schultern zurück
- Gerader Kopf
- Blick über die Horizontlinie
- Lippen und Unterkiefer werden ausgeprägter eingesetzt
- Der Mund beim Sprechen ist weiter geöffnet
- Deutlichere Aussprache

Was ist entscheidend für den ersten Eindruck

Sie sitzen in einem Seminarraum. Der Vortrag, auf den Sie sich so lange gefreut haben, soll in den nächsten Minuten beginnen. Von Kollegen und Freunden haben Sie die Empfehlung zu diesem Seminar bekommen. Ganz anders sollen Sie sich nach diesem Vortrag fühlen, da der Redner so »charismatisch« sei.

Die Tür geht auf, und Ihnen bleibt der Mund tatsächlich offen stehen: Es betritt ein sehr kleiner Mann den Raum. Untersetzte Figur, dicke Hornbrille, der Schweiß steht ihm auf der Stirn. Etwas unentschlossen sieht er sich im Raum um und geht dann umständlich zum Overheadprojektor. Er findet den Schalter nicht, wobei er ständig mit sich selber halblaut redet. Die Sakkoärmel sind ihm deutlich zu lang, und unter den zu kurzen Hosenbeinen schauen Socken mit Disneymotiv vor. Ein Schuhband ist offen, über welches er auch stolpert …

Mag sein, dass dieses Beispiel ein wenig überzeichnet ist.
Es macht uns aber deutlich, wie sehr unser erster Eindruck vom Aussehen einer Person abhängig ist.

7.2 Größe

Bei den meisten Tiergattungen hat die Körpergröße einen erheblichen Einfluss auf die soziale Rolle. Große Tiere sind gewöhnlich die bestimmenden Elemente.

Ähnlich bei Menschen.

Statistiken zeigen, dass ein Zusammenhang zwischen Körpergröße und Erfolg besteht. Größere Menschen sind im Durchschnitt intelligenter, gesünder und leben auch länger. (Dass dies auch früher so war, belegen Ausgrabungen aus vergangenen Jahrhunderten.)

In der Partnerwahl wird größeren Männern von Frauen der Vorzug gegeben.

Damit werden Beschützerfähigkeiten und die höhere Wahrscheinlichkeit, sich erfolgreich fortzupflanzen, verbunden.

Auch in der Gesellschaft werden großen Menschen gewöhnlich Fähigkeiten wie Führungsqualitäten, Erfolgsorientierung und dergleichen mehr zugesprochen.

So waren nur drei amerikanische Präsidenten kleiner als der nationale Durchschnitt. Einige waren auch deutlich größer als der Großteil der Bevölkerung.

Eine interessante Statistik besagt, dass sich bei Händlern in New Yorks Börse an der Wall Street jeder Zoll (2,54 Zentimeter) an Köpergröße mit einem Einkommenszuwachs von 600 Dollar im Monat niederschlägt.[7]

Auch in Berufen, die eigentlich auf andere Faktoren, wie zum Beispiel optisches Erscheinungsbild, Wert legen, ist die Köpergröße anscheinend ein wichtiger Faktor. Lehrbeauftragte an US-amerikanischen Universitäten sind um 3,1 Zentimeter größer, außerordentliche Professoren um 3,75 Zentimeter und ordentliche Professoren gar um 4,85 Zentimeter größer als der nationale Durchschnitt.[8]

Glück gehabt, werden Sie jetzt denken, wenn Sie als Frau größer als zirka 1,67 Meter und als Mann größer als 1,80 Meter sind. (Das ist nämlich ungefähr die durchschnittliche Größe im deutschsprachigen Raum.)

Und für alle Kleineren: Sorry, tut mir Leid! Pech gehabt! ☺

(Anmerkung: Ich bin 1,60 Meter groß.)

Natürlich können Sie Ihre Köpergröße nicht ändern. Wozu auch? Wenn der Durchschnitt der Bevölkerung größer ist, heißt das noch lange nicht, dass Sie das in irgendeiner Weise einschränken muss: Michael Schumacher, Tom Cruise und Mahatma Ghandi sind nur wenige Beispiele für jene Menschen, die trotz geringer Körpergröße bemerkenswerte Leistungen vollbracht haben.
Was Sie tun sollten, ist, nicht kleiner zu wirken, als Sie es sind.

Große Menschen wiederum haben oft die Tendenz, sich kleiner zu machen. Da viele von ihnen ständig aus der Masse herausragen, versuchen sie, durch einen krummen Rücken, gebeugte Haltung oder seitlich gehaltenen Kopf in der Masse »unterzutauchen«.
Dies wirkt ebenso unvorteilhaft, und es raubt viel von ihrem positiven Erscheinungsbild.

Tipps

- Versuchen Sie, wann immer möglich, aufrecht zu stehen, zu gehen und zu sitzen. Eine zusammengesunkene Köperhaltung lässt Sie »unterwürfig« wirken. (Darüber hinaus ist es schlecht für Ihre Rückenmuskulatur).
- Gehen Sie mit »erhobenem Kopf« durchs Leben. Im doppelten Wortsinn.
- Achten Sie auf Ihre Sprache:
  Vermeiden Sie Unterwürfigkeitsphrasen (»Ich bin zwar erst seit einem halben Jahr im Unternehmen, aber ...«, »Ich bin nur der Außendienstmitarbeiter, aber ...«, »Es ist zwar nur meine Meinung, aber ...«).
  Dies macht Sie kleiner und dient höchstens als »Vorabentschuldigung« für Fehler, die eventuell begangen werden könnten.
- Achten Sie auf Ihre Kleidung:
  Zu weite und zu große Kleidung lässt Sie kleiner erscheinen.

7.3 Kleidung

- Achten Sie auf makellos saubere Kleidung.
- Schuhe sind die Basis, auf der wir uns bewegen.
  Hochwertig und sauber sollen sie sein.
  - o Im Zweifelsfall Ledersohle vor Gummisohle:
    Bei wichtigen Gesprächen verleihen Ihnen Schuhe mit Ledersohle mehr Seriosität.
  - o Kaputte Schnürsenkel gehören sofort ausgetauscht.
  - o Geschlossene Schuhe bei Frauen
- Starke Kontraste (Beispiel: dunkler Anzug und helles Hemd) wirken kompetenter als Pastelltöne (Beispiel: beiger Anzug und rosa Hemd).
- Die Rocklänge sollte über das Knie reichen.
- Schlecht sitzende Kleidung wirkt sich negativ auf Ihren Auftritt aus.
- Weniger ist mehr: Lieber weniger und hochwertige Kleidung als ein voller, »billiger« Kleiderschrank.
- Markenlabels dezent einsetzen (wenn überhaupt).
- »Günstig« muss nicht »billig« sein. Es muss nicht der Maßschneider sein. Mit etwas Geschick können Sie sich auch in Kaufhäusern optimal einkleiden.
- Gürtel und Schuhe im selben Leder und gleicher Farbe
- Socken immer abgestimmt auf Schuhe und Hose. Wählen Sie im Zweifel den dunkleren Ton.
- Socken sollten so lange sein, dass man auch bei überschlagenen Beinen keine nackte Haut sieht.
- Button-down-Hemden nie mit Krawatte
- Button-down-Hemden nie mit offenen Kragenknöpfen
- Der Hemdkragen liegt bei geschlossenem oberstem Knopf am Hals an.
- Der Hemdärmel schaut bei Damen und Herren bei herunterhängenden Armen zirka einen Zentimeter unter dem Sakkoärmel hervor.
- Gut sitzende Kleidung lässt sich unter anderem an der Breite der Schultern und der Ärmellänge erkennen.
- Lieber overdressed als underdressed:
  Seien Sie im Zweifel bei einem Kunden eine Spur zu elegant als zu leger gekleidet. Sie erweisen ihm damit Respekt.

- Beweisen Sie Gespür für Hochwertigkeit mit Ihren Accessoires: Natürlich tut es auch die Geschenkuhr vom Fastfoodrestaurant. Sie wird Ihnen denselben Dienst erweisen wie die Werbegeschenk-Laptoptasche vom letzten Cluburlaub mit dem großen Logo vom Reiseveranstalter drauf.
- Mehr Stil beweisen Sie, wenn Sie den kleinen Dingen Ihres Outfits Aufmerksamkeit schenken:
  o Uhr
  o Geldbörse
  o Visitenkartenetui
  o Akten-/Laptoptasche

Der eine oder andere denkt sich nun: »Na ja, in meiner Branche wirkt es ein wenig überzogen, wenn ich im Anthrazitanzug und mit strahlend weißem Hemd zu meinen Kunden komme.«
Oder: »Was ist an den teuren und modernen Sneakers auszusetzen?«

Da haben Sie völlig Recht:
Es ist durchaus nicht immer wichtig, *nur* kompetent und seriös zu wirken.
Die Kunst ist es, in jeder Situation »passend« gekleidet zu sein.

- Orientieren Sie sich an erfolgreichen Kollegen aus derselben Branche (in der Sportartikelbranche könnte ein lockeres, sportliches Auftreten hilfreich sein, während im Finanzwesen ein seriöseres von Vorteil ist).
- Kleiden Sie sich ähnlich wie Ihr Gegenüber. Nehmen Sie genau wahr, wie sich Ihre Kunden kleiden, und ergänzen Sie Ihre Garderobe entsprechend.
- Passen Sie Ihr Erscheinungsbild an die »Wertigkeit« Ihres Produkts oder Ihrer Dienstleistung an.

Anmerkung
Oft höre ich: »Die Kleidung meines Gegenübers ist mir noch nie so bewusst aufgefallen. Also werden andere wohl auf meine auch nicht so achten.« Oder: »Auf Äußerlichkeiten wie Kleidung achte ich nicht. Es kommt schließlich auf innere Werte an.«

Völlig richtig. Entscheidend sind auch andere Werte.

Auch wenn *Sie* nicht so sehr auf die Kleidung anderer Menschen achten, heißt das noch nicht, dass Ihre Gesprächspartner nicht sehr viel Augenmerk auf *Ihr* Äußeres legen.

Sie verbauen sich dadurch möglicherweise einen tollen Gesprächseinstieg.

Mein Tipp: Lassen Sie sich von Menschen, die ein gutes »Auge« für Kleidung haben, beraten, und gehen Sie gemeinsam einkaufen.

Denken Sie immer an die Macht des ersten Eindrucks. Ihr Äußeres bestimmt diesen maßgeblich mit!

7.4 Haare

Grundsätzlich sollten Sie auf ein möglichst offenes Gesicht achten. Binden Sie langes Haar so, dass es nicht Teile Ihres Gesichts verdeckt.

7.5 Bart

Auch ein Bart verdeckt Teile des Gesichts. Bei Umfragen bekommen Menschen mit glatter Gesichtshaut die besseren Sympathiewerte.

Ein Schnauzbart, besonders wenn er weit an den Seiten nach unten reicht, zeichnet hängende Mundwinkel nach. Und betont damit einen ernsten Gesichtsausdruck.

Um optimal zu wirken, muss sich niemand von seiner langen Haarpracht oder seinem gepflegten Vollbart trennen.

Seien Sie sich nur bewusst, dass ein freies Gesicht beim Durchschnitt der Bevölkerung besser ankommt. Wenn Sie sich trotzdem für offenes, langes Haar oder einen Vollbart entscheiden, tun Sie das bewusst und somit selbstbewusst.

7.6 Statussymbole

Franz hat seinen Verkaufsleiterjob nun schon seit 1,5 Jahren. Die Geschäfte laufen gut. Nun hat er von der Geschäftsleitung das Okay dafür bekommen, einen zusätzlichen Außendienstmitarbeiter einzustellen.
Zwei Herren sind in die engere Wahl gekommen. Beide hat er zu einem persönlichen Gespräch eingeladen.
Von seinem Bürofenster aus sieht er, wie der erste der beiden auf den Firmenparkplatz einfährt.
Wow, denkt er sich, als er erkennt, dass der Bewerber in einem tiefschwarzen Porsche Carrera S einbiegt …
Keine drei Minuten später nähert sich der zweite Bewerber dem Firmengelände. Auf einem alten Waffenrad, mit einem zerbeulten Schulrucksack am Rücken.

Was denken Sie? Inwieweit wird sich dieser erste optische Eindruck bei Franz auswirken?

Für Statussymbole geben wir viel Geld aus. Die Markenartikelindustrie hat erkannt, dass wir damit nach außen hin eine Gruppenzugehörigkeit signalisieren. Dies beginnt schon im Schulalter. Hier werden Kinder zunehmend ausgeschlossen, die noch nicht die neue

Spielkonsole haben, deren Vater kein tolles Markenauto fährt, deren Jeans nicht das tolle Label ziert …

Denken Sie an den Smalltalk. Wenn nicht über das Wetter gesprochen wird und keine abwesenden Personen »ausgerichtet« werden, wird oft unbewusst abgecheckt:

- Wohnen Sie in einer bestimmten »Gegend«?
- Wer sind Ihre Freunde?
- Welcher Wagen steht vor Ihrer Tür?
- Wohin fahren Sie in Urlaub?
- Steht ein Titel vor Ihrem Namen?
- Wo kaufen Sie Ihre Kleidung ein?

Abgesehen davon, wie Sie sich körpersprachlich ausdrücken, bestimmt auch der *Rahmen,* in dem Sie sich bewegen, wie Sie auf andere wirken, welche ersten Eindruck Sie von Ihnen haben. Insbesondere Statussymbole haben eine hohe Wirkung auf Ihr Image, und Sie können mit diesem Image auch Ihr Verkaufsgespäch unterstützen. Wer im Edeljuwelierladen in einem billigen, schlecht sitzenden Anzug Kunden überzeugen will, ist nicht glaubwürdig.

Die billige Wegwerfuhr wirkt beim Verkaufen von hochwertiger Medizintechnik nicht stimmig.

7.7 Taschen

Aus Bequemlichkeit bin ich eine Zeit lang mit einem kleinen Pilotenkoffer auf Rädern zu meinen Kundenbesuchen gegangen. Praktisch sind sie ja. Von Schreibutensilien, Blöcken, Mappen, Laptop, Ladegerät bis hin zum Reserveakku hatte ich alles immer griffbereit bei mir. So konnte ich auch mal mein Büro in einem Café aufschlagen, wenn ich Luft zwischen zwei Terminen hatte.

Mir fiel auf, dass einige Kunden beim Anblick meines Trolleys spaßig meinten: »Aha, wollen Sie hier einziehen?« Und: »Ach ja, ich habe leider nur 30 Minuten Zeit für Sie!«

Erst nach einiger Zeit begriff ich, dass hinter diesem Scherz ein Körnchen Wahrheit steckte: Bei meiner kleinen Körpergröße wirkte dieser

Koffer völlig überdimensional. So voll gepackt erweckte ich damit schon bei der Begrüßung folgenden Eindruck:
»O Gott, was haben Sie alles mit? Bitte überschütten Sie mich nicht mit zu vielen Infos.« Deswegen wurde ich schon bei der Begrüßung mit Zeitlimits konfrontiert.

Ein weiteres Signal ging mit der übergroßen Tasche einher:
Sie sehen in einem Unternehmen zwei Mitarbeiter. Einer schleppt eine voll gepackte, dicke Tasche in der einen und einen Packen Prospekte in der anderen Hand.
Daneben sehen Sie einen Mann nur mit einer dünnen eleganten Ledertasche.

Welcher der beiden ist Ihrer Ansicht nach der Entscheider?
Wahrscheinlich tippen Sie auf den Zweiten.

Als ich dies erkannt hatte, änderte ich meinen Auftritt: Ich verwende seitdem eine kleinere und schmälere Tasche. Natürlich habe ich weiterhin alles an Prospekten, Unterlagen, ein Ladegerät usw. dabei. Nur überlege ich mir sehr genau, was ich davon im Auto lasse und was ich zum Gespräch mitnehme.
Ergebnis: »Ich habe nur sehr wenig Zeit«, höre ich ebenso wenig wie Scherze über meine voll gepackte Tasche.

Tipp
Gehen Sie mit Statussymbolen behutsam um. In manchen Situationen können Sie Ihnen von großem Nutzen sein.

- Wir assoziieren hochwertige Markenprodukte mit Erfolg. (Nur wer es sich leisten kann, trägt diese oder jene Uhr, fährt dieses Auto und trägt Schuhe jenes Herstellers.) Und Geschäfte macht man schließlich lieber mit erfolgreichen Menschen.
- Geschickt eingesetzt, können Sie sich damit Ihrem Gegenüber annähern (der Golfclubsticker auf Ihrem Auto beim golfenden Kunden, die stilvolle Uhr bei Ihrem uhrenvernarrten Kunden …).

Achtung:
Zu viel an offen gezeigten Statussymbolen lässt diese Wirkung ins Gegenteil umschlagen: Wer seinen »Reichtum« so offen zeigen muss, hat ihn möglicherweise gar nicht. Oder zumindest erst so kurz, dass er damit noch nicht umgehen kann …

8. Der Auftritt

Irene ist seit einem halben Jahr Außendienstverkäuferin bei einem namhaften Weißwarenerzeuger. Dabei hat sie sowohl »Großflächen« als auch Einzelhändler zu betreuen. Eine jener Eigenschaften, die ihr von ihren Freunden, Kunden und Kollegen zugeschrieben wird, ist es, wenig aufdringlich, ja beinhahe zurückhaltend zu sein. Kunden wie Freunde schätzen diese Eigenschaft an ihr.

Als sie sich nun einem Ersttermin bei einem Einzelhändler nähert, bemerkt sie, dass ein Verkäufer im Geschäft beobachtet, wie ein einzelner Kunde verschiedene Ausstellungsstücke begutachtet.

Mit einem kurzen Kopfnicken begrüßt Irene den Verkäufer. Um nicht zu stören und weder Kunden noch Verkäufer von deren Tätigkeiten abzuhalten, stellt sie sich gleich neben die Eingangstür und wartet darauf, vom Verkäufer angesprochen zu werden. Die Minuten ziehen sich hin. Ganz ruhig bleibt Irene halb versteckt hinter einem Kühlschrank stehen. Die Aktentasche vor der Brust und den Blick zum Boden geneigt. Nach einiger Zeit ist der Verkaufsmitarbeiter so irritiert, dass er zu Irene geht und sie anspricht.

Übung

Welchen ersten Eindruck haben Sie nun von Irene?

Inwieweit transportiert Irene jenes Selbstbewusstsein, welches ein führender Markenartikelvertreter transportieren möchte?

Womit hat Irene »Unterwürfigkeit« gezeigt?

-
-
-
-
-

Praxisbeispiel

Andrea und Felix haben sich entschlossen, ein neues Auto zu kaufen. Beide sind berufstätig und haben kein Kind. Bisher sind sie drei günstige Gebrauchtwagen gefahren. Voll Enthusiasmus haben sie sich entschlossen, diesmal etwas »Unvernünftiges« zu tun und einen teureren Mittelklassewagen zu nehmen. Obwohl sie wissen, dass sie für weniger Stauraum, teurere Serviceleistungen und mehr Verbrauch deutlich mehr bezahlen müssen, freuen sie sich auf das neue Gefährt. Infrage kommen für sie nur Premiumhersteller aus Europa.

Kaufwillig machen sie sich auf, um sich für ein Modell zu entscheiden.

Zwar beeindruckt von dem Glaspalast, sind sie beim Eintreten in den Schauraum des ersten Markenherstellers doch verwundert, dass sie offensichtlich niemand bemerkt. Keiner der Verkäufer steht von seinem Schreibtisch auf, um sich um das Paar zu kümmern. Nicht einmal ein Grußwort fällt.

Als die beiden den Kofferraum eines Wagens begutachten wollen, bemerken sie, dass dieser verschlossen ist. Sie bleiben eine Weile vorm Auto stehen in der Hoffnung, dass einer der Verkäufer aufmerksam genug ist, dies zu bemerken. Vergeblich. Also geht Felix zum Verkäufer und bittet um Hilfe. Ohne Grußwort lehnt der Verkäufer die Bitte ab, da das Auto bereits vorreserviert sei. Vergeblich wartet Felix darauf, ein anderes Auto ansehen zu dürfen.

Beide nehmen einen Prospekt mit und verlassen das Autohaus.

Direkt gegenüber, auf der anderen Straßenseite, befindet sich der Verkaufsraum der zweiten Marke. Trotz Umbaus ist der Schauraum geöffnet.

Gleich zu Beginn werden Andrea und Felix von drei Verkäufern begrüßt.

Sie gehen auf »ihr« Auto zu. Diesmal ist das Auto unverschlossen. Leider jedoch steht die Ausführung nur als Limousine da. Also geht diesmal Andrea zum Verkäufer, der immer noch an seinem Laptop sitzt, und fragt, ob dieses Fahrzeug auch als Kombi zu besichtigen sei.

»Normalerweise schon. Aber wir bauen um. Dazu müssten wir in den Fahrzeugkeller im Nebenhaus gehen.« Danach wendet er sich wieder seinem Laptop zu und tippt weiter. Etwas sprachlos blickt

Andrea den Verkäufer an. »Würden Sie mit uns in den Keller gehen?«, fragt Andrea. »Da müssen Sie sich ein bisschen gedulden.« Mit einigem Unmut im Bauch warten Andrea und Felix. Sie haben erst Mal das Interesse an »ihrem« Fahrzeug verloren. Die Unverschämtheit der Verkäufer in den beiden Läden ist das einzige Thema, worüber sie in den nächsten Minuten sprechen.

Nach einiger Zeit kommt der Verkäufer mit den Kellerschlüsseln zu ihnen. Beim Verlassen des Geschäfts bemerkt er, dass es regnet. Er nimmt sich seinen Schirm und geht forschen Schrittes voran, ohne den beiden Schutz unter dem Schirm anzubieten. Beim Fahrzeugkeller angelangt, sind Andrea und Felix nass. Nur kurz begutachten sie das Fahrzeug, um sich dann zu verabschieden. Beim Verlassen des Kellers hören sie den Verkäufer zu seinem Kollegen sagen: »Diejenigen, die nur zum Schauen kommen, gehen mir auf die Nerven.«

Übung

Welchen ersten Eindruck haben Sie nun von den Verkäufern?

-

-

-

Inwieweit wirkt sich deren Verhalten auf das Image der Marken aus?

-

-

-

Was ist mit der Kaufwilligkeit von Andrea und Felix passiert?

-

-

-

Um den Ärger zu verdauen, verwerfen Andrea und Felix die Idee, in ein drittes Autohaus zu gehen. Stattdessen wollen sie sich mit einer Zeitschrift in ein nettes Café setzen.

So betreten sie einen Kiosk und beginnen ein wenig in den Magazinen zu blättern. Die Verkäuferin begrüßt die beiden und meint:»Schauen Sie sich ruhig um. Das Wetter ist ja genau richtig, um ein bisschen zu Schmöckern.« Dabei lächelt sie beide an und bedient den nächsten Kunden. Überrascht schauen sich Andrea und Felix an.

Als sie sich für zwei der Zeitschriften entschieden haben, geht Felix an die Kasse, um zu bezahlen. Die Verkäuferin lächelt ihn wieder an und bietet ihm eine Tüte an, um den Packen an Kfz-Prospekten aus den Autohäusern leichter tragen zu können. Während er das Geld aus seiner Tasche zieht, packt die Dame die Zeitschriften und Autobroschüren in die Plastiktüte.

Mit strahlendem Gesicht verabschiedet sich die Verkäuferin, und auch Andrea und Felix lächeln zurück.

Übung
Welche Atmosphäre hat die Verkäuferin geschaffen?

•

•

•

Wie hat sie die Atmosphäre geschaffen?

•

•

•

Was ist diesmal mit der Kaufwilligkeit von Andrea und Felix passiert?

-

-

-

Tipps für Verkäufer
- Seien Sie sich Ihrer Sache sicher.
- Gehen Sie aktiv auf Menschen zu und sprechen Sie sie an.
- Bringen Sie *allen* Kunden Wertschätzung entgegen (auch jenen, die *jetzt* nicht kaufen).
- Zeigen Sie Offenheit, indem Sie sich vorstellen. Damit erleichtern Sie Ihrem Gegenüber eine »richtige« Zuordnung. Gleichzeitig erzeugen Sie ein selbstbewusstes Auftreten.
- Übernehmen Sie eine aktive Rolle. Das wird Ihrem Kunden viel Sicherheit vermitteln.
- Stellen Sie Ihrem Kunden Fragen.
- Helfen Sie Ihm, sich wohler zu fühlen.
- Überraschen Sie Ihre Kunden mit Kleinigkeiten.
- Lächeln Sie.

8.1 Türen

Übung
Stehen Sie auf und öffnen Sie viermal eine Zimmertür.

Beim ersten Mal:
Sie sind stark verärgert. Lassen Sie die Türschnalle all Ihren Ärger spüren. Laut, energisch und stürmisch.

Beim zweiten Mal:
Sie stehen vor einem Theatersaal. Die Vorstellung hat schon begonnen, und Sie versuchen, ganz vorsichtig und leise den Raum zu betreten.

Beim dritten Mal:
Die Konzernspitze hat Sie zu einer Präsentation geladen. Sie sollen darstellen, wie Sie es geschafft haben, um 44 Prozent mehr Verkaufs- erfolge zu feiern als alle anderen Mitarbeiter des Unternehmens. Mit diesem Selbstbewusstsein öffnen Sie nun die Tür.

Beim vierten Mal:
Sie stehen vor der Bürotür eines Neukunden. All Ihre Lebens- und Berufserfahrung steht mit Ihnen vor der Tür. Mit dem Betreten des Raumes soll all Ihr Selbstvertrauen den Raum betreten.
Öffnen Sie die Tür. JETZT!

Bereits mit dem Öffnen einer Tür erwecken Sie einen Eindruck.
Öffnen Sie die Tür zielbewusst und selbstsicher.
Sie sind gekommen, um Ihren Kunden zu unterstützen.
Sie helfen ihm, Probleme zu lösen, mehr Umsatz zu machen oder den Alltag ein wenig angenehmer zu gestalten. (Auch bei Reklama- tionsgesprächen helfen Sie Ihrem Kunden, sich wohler zu fühlen. Sie geben ihm ein Ventil, seinem Ärger Luft zu machen. Im Anschluss helfen Sie gemeinsam, eine Lösung zu finden.)
Deswegen sind Sie willkommen. Genau so öffnen Sie die Tür.
Zügig, ohne »mit der Tür ins Haus zu fallen«.

8.2 Klopfen

Klopfen Sie an, bevor Sie eintreten.
So, dass es deutlich hörbar ist und trotzdem niemanden vom Sessel haut.
Sollten Sie kein Signal zum Eintreten bekommen, so öffnen Sie die Tür. Und bitten Sie um Einlass.

Ihr erster Eindruck
Wer nicht genau weiß, welchen ersten Eindruck er erwecken und hinterlassen will, darf sich nicht wundern, wenn er anders »rüber- kommt«, als er es eigentlich wollte.

Übung

Nehmen Sie sich ein paar Minuten Zeit und schreiben Sie Ihre Gedanken nieder.

Welchen ersten Eindruck will ich wecken (persönlich)?

-
-
-
-

Welchen ersten Eindruck will ich wecken (beruflich)?

-
-
-
-

Warum bin ich der geeignete Gesprächspartner?

-
-
-
-

Wie soll meine Kleidung wirken?

-

-

-

-

Statussymbole, Accessoires: wenn ja, welche und was will ich damit bewirken?

-

-

-

-

Was soll der/die Kunde/Kundin von meiner Firma denken?

-

-

-

-

Kurz – knapp – knackig: ein Wort, das mich beschreibt:

_____

**Wenn du eine hilfreiche Hand suchst,
so findest du sie am unteren Ende deines Armes …**

Andreas Lorenz (deutscher Pumpenbaumeister, 1900–1977)

9. Gestik

Mitte Februar. Es schüttet wie aus Kübeln. Trotzdem freue ich mich auf den kommenden Termin. Treffpunkt ist eines jener legendären Wiener Kaffeehäuser. Direkt an der Ringstraße gelegen.

Mir gegenüber sitzt der Verkaufsleiter einer renommierten Firma für Elektronikartikel.

Ein sehr sympathischer Mann, stelle ich fest. Gleich beginnen wir über Privates zu plaudern. Er kommt aus Kroatien und lebt seit einigen Jahrzehnten in Österreich. In seiner Heimat hat er immer noch ein Haus direkt am Meer. Es dürfte ein paradiesischer Flecken Erde sein mit tollem Klima.

Das Haus vermietet er an Touristen, wobei das Geschäft nicht mehr so lukrativ sei wie noch vor wenigen Jahren. Da konnte man anscheinend noch richtig gutes Geld damit verdienen, wie er mehrmals erwähnt.

Nach spannendem Smalltalk kommen wir auf das Geschäft zu sprechen. Er hat von VBC, dem Marktführer bei Verkaufstrainings, schon einiges gehört.

Schließlich bestätigt er, dass es ihm bei der Ausbildung seiner Mitarbeiter vor allem um hohe Qualität und Nachhaltigkeit des Lernerfolgs geht. Das Geld spiele bei ihm eine untergeordnete Rolle.

Toll, denke ich. Das könnte ein spannendes Projekt werden.

Wenn – ja, wenn ich nicht im Augenwinkel gesehen hätte, wie er beim letzten Satz die Finger leicht zu Krallen verformte und diese mehrmals über den Tisch hin zu seinem Oberkörper gezogen hat.

Auch der Abschluss des Gesprächs war außerordentlich nett. Wir vereinbarten einen Termin, um weitere Schritte zu besprechen.

Die Gestik erschien mir so auffällig, dass ich mir meine Gedanken dazu machte. In meiner Vorbereitung zum Folgetermin habe ich mich deshalb neben der Präsentation auch auf eine Preisverhandlung vorbereitet.

Wie sich herausgestellt hat, war der Preis doch ein entscheidender Faktor.

Nur durch wirklich gute Vorbereitung und mit einer »total cost«-Berechnung im Gepäck habe ich den Verkaufsleiter und den Geschäftsführer vom Nutzen überzeugen können.

9.1 Allgemeines

Gestik bedeutet laut Brockhaus »Gesamtheit aller körperlichen Gebärden, vor allem der Hände und Arme«.
Wir beschränken uns bei der Gestik auf Letztere. Das heißt alle Bewegungen, die bei den Schultern beginnen. Von den allermeisten Tieren unterscheiden wir uns darin, dass wir unsere Hände und Arme nicht nur zu Verteidigung, Nahrungsaufnahme und Fortbewegung einsetzen.
Wir setzen sie auch zur Kommunikation ein. Und doch können wir Gestiken nur dann richtig einordnen, wenn wir deren Ursprung verstehen.
Schnell wird man dabei erkennen, dass es oftmals um oben genannte archaische »Beweggründe« geht.

Wir achten beim Sprechen meist sehr stark auf den Inhalt. Somit passieren körpersprachliche Veränderungen unterbewusst. Und dieses unterbewusste Handeln basiert sehr stark auf den Prinzipien Verteidigen, Angreifen und Vermehren.

Schauen wir uns nun die typischen Handgesten in einem Verkaufsgespräch an.

9.2 Begrüßungsgesten

Bis ins 19. Jahrhundert war in Europa die Begrüßung zwischen Personen unterschiedlichen Standes durch einen Kniefall bei Männern (manchmal auch nur angedeutet durch Beugen der Knie) und einen Knicks bei Frauen gekennzeichnet.
Beide Gesten stellen eine »Verkleinerung« dar.
Im täglichen Leben ist dies heute nur mehr selten zu beobachten. Selbst in Japan nimmt die Tradition des Verbeugens – ein Überbleibsel des »Verkleinerns« – bei Jugendlichen ab.
Beim Papst ist diese Tradition noch lebendig. Besucher erweisen ihm auch heute noch die Ehre, indem sie vor ihm auf die Knie gehen. Sie verkleinern sich und erkennen somit den Status des Papstes an.

Geradezu sprichwörtlich ist auch heute noch der »Canossagang«. In einer Zeit, als das Papsttum am Zenit seiner Macht war, musste der deutsche Kaiser zum Papst nach Canossa reisen und vor ihm auf die Knie fallen.
Vor aller Öffentlichkeit stellte er damit seine Unterlegenheit gegenüber dem Papst zur Schau.

In Verkaufsgesprächen fällt heute niemand mehr auf die Knie. Eine Respektsbekundung ist es aber in jedem Fall, wenn Sie bei der Begrüßung Ihres Kunden eine angedeutete Verbeugung machen. Ein leichtes Vorwippen mit Oberköper und Kopf.

Eine Begrüßung hat drei wichtige Aufgaben:

1. Bestätigung der gegenseitigen Anwesenheit

Nichts ärgert uns mehr, als in einem Restaurant zu sitzen, und der Kellner geht viermal an uns vorbei, ohne uns ein Signal zu geben, dass er unsere Anwesenheit bemerkt hat.
Dasselbe gilt im Einzelhandel. Wenn ein Verkäufer mit Kunden beschäftigt ist, reicht ein kurzes Begrüßungssignal an den wartenden Kunden. Dieser erkennt somit, dass er wahrgenommen wurde. Nur wenig macht uns Menschen unleidlicher als das Gefühl, ignoriert zu werden.

2. Klare Demonstration, sich an gesellschaftliche Normen zu halten

Indem beide sich in erwarteter Weise begrüßen, signalisieren sie schon ein gewisses Maß an Übereinstimmung. Deswegen laufen Begrüßungsrituale im Skaterclub ein wenig anders ab als bei der Aufsichtsratssitzung.

3. Definition der Beziehung zwischen den beiden Personen

Gute Freunde begrüßen sich meist überschwänglicher als entfernte Bekannte oder Geschäftpartner. Reißen die einen die Augen weit auf, heben sie die Augenbrauen und lassen sie die Kinnpartie nach unten klappen, so signalisieren die anderen Zurückhaltung mit einem angedeuteten Lächeln und dem Entgegenstrecken einer Hand.

9.2.1 Händeschütteln

Im Geschäftsleben ist das Händeschütteln wohl die gängigste Gestik zur Begrüßung.
Das Reichen der Hände war jedoch nicht seit jeher ein Begrüßungsritual.
In Zeiten, als man bei der Begrüßung einen Knicks machte, auf die Knie fiel oder sich verbeugte, gehörte das Ergreifen der Hand des anderen nicht grundsätzlich zum Ritual.

Mit dem Schütteln der Hände wurden einstmals Geschäfte besiegelt. John Bulwer beschrieb im 17. Jahrhundert wie sich die Handschlaggewohnheiten von Markt zu Markt unterscheiden. Der »Fischjargon von Billingsgate« unterschied sich sehr stark von der »Pferderhetorik von Smithfield«. Erst gegen Ende des 19. Jahrhundert wurde der Handschlag zum gängigen Begrüßungsritual.[9]
Auch heute noch sagen wir: »Er hat Handschlagqualität.«

Allen Konopacki untersuchte, inwieweit das Händeschütteln die Beziehung zwischen Menschen beeinflusst.
Er ließ in einer Telefonzelle ein 20-Cent-Stück liegen. Die meisten Menschen, die die Zelle verließen, hatten das Geldstück eingesteckt. Kurz nach dem Verlassen kam ein Student auf die Leute zu und fragte, ob sie ein 20-Cent-Stück gesehen hätten. Über 50 Prozent der Leute logen, indem sie behaupteten, das Geld nicht gesehen zu haben.
In der Zweiten Hälfte des Experiments begrüßte der Student die Leute, die die Zelle verließen. Er schüttelte ihnen die Hand und stellte sich vor, bevor er sie nach dem Geldstück fragte. Nun logen nur noch 24 Prozent.

Ganz eindeutig hat das Begrüßungsritual mit dem Händeschütteln die Beziehung beeinflusst.
Er stellt von Anfang an eine »Gleichheit« her. Beide tun dasselbe. Unabhängig vom sozialen Stand oder Bekanntschaftsgrad.

Der richtige Druck

»Der hat einen Händedruck wie ein nasser Waschlappen.«
»Beinahe hat er mir bei der Begrüßung die Finger gebrochen.«

Die Festigkeit gibt Ihr Kunde vor. Begehen Sie nicht den Fehler und zwingen Sie Ihrem Gegenüber »Ihren« Druck auf. Ob Sie es lieber fest oder leicht haben, ist nicht von Relevanz. Wichtig ist, dass sich Ihr Kunde bei Ihnen wohl fühlt. Es soll sich alles wie »selbstverständlich« anfühlen. Vom Beziehungsaufbau bis zum Verkaufsabschluss. Und das setzt voraus, dass wir uns auf den Kunden einstellen.

Fester Händedruck

Die Finger um die Hand des Gegenübers gelegt und mit einem angenehmen Druck ausgeübt, nennt man einen festen Händedruck.
William Chaplin[10] stellte in Versuchsreihen fest, dass ein Zusammenhang zwischen Händedruck und Persönlichkeit besteht. Extrovertierte Menschen und Menschen, die ihre Gefühle nach außen zeigen, haben einen festen Händedruck – im Gegensatz zu neurotischen und schüchternen Menschen.
Was »fest« ist, kann immer nur im Zusammenhang mit Ihrem Händedruckpartner festgestellt werden. Was für einen »Schraubstock« ein angenehmer fester Händedruck ist, kann für einen schlaffen Händereicher möglicherweise zu fest sein.

Schlaffer Händedruck

Menschen, die die Hand ohne jeglichen Druck in die Hand des anderen legen, tragen wenig zum Begrüßungsritual bei. Sie transportieren dadurch keine Initiative und Stärke.

Der Schraubstock

Menschen, die einen deutlich festen Händedruck haben, senden damit ein Stärke- und Machtsignal aus.

Festhalten

Menschen, die ihr Gegenüber lange, deutlich länger als erwartet, festhalten, signalisieren einerseits Aufmerksamkeit und Interesse, können andererseits aber auch schwer loslassen.

Feuchter Händedruck
Eine feucht-kalte Hand lässt uns auf Nervosität schließen. Eine Lösungsmöglichkeit ist es, kurz vor dem Begrüßen ein Taschentuch in die Faust zu nehmen, um so die Hand, zumindest für kurze Zeit, trocken zu halten.

Abstand
Wenn Frauen einen Mann nicht zu nahe kommen lassen wollen, »strecken« sie ihm die Hand entgegen. Weit nach vorn gestreckt wird die Hand gereicht, so, dass der Mann nicht »zu nahe treten« kann.

Umgekehrt wird die Hand gereicht, und die Person wird aus ihrem Bereich »herausgezogen« und in den eigenen Bereich gezwungen. Beides sind Hinweise zur Beziehung zwischen beiden Personen.

Oberhand
Beobachten Sie beim nächsten Politgipfel, wer von den Staatsoberhäuptern rechts und wer links vor den Kameras steht, wenn die Hände gereicht werden. Immer die Person, deren Handrücken man sehen kann, signalisiert mehr Macht. Da man zwangsläufig auch mehr vom Arm der linken Person sieht, scheint sie auch mehr zu sagen zu haben. Außerdem lässt uns die offene Hand der rechten Person auf »Unterlegenheit« schließen.
(Vgl. Abschnitt 9.3.1).

Beidhändig
Beim Händeschütteln umfasst einer der beiden die Rechte des anderen zusätzlich mit seiner Linken. Begeisterung und besondere Vertraulichkeit werden damit signalisiert. Sie können damit der besonderen Freude Ausdruck verleihen, einen lieb gewonnenen Kunden wiederzusehen. Wirkungsvoll ist dies auch, wenn Sie den Unterarm der Person leicht berühren.
Achtung: Nicht jedem Menschen ist so viel Intimität recht. Sie werden es spüren, wenn die Hand weggezogen wird.

Bei der Berührung des Oberarms sperren Sie Ihr Gegenüber ein. Er kann nur schwer seinen Arm wegziehen.

Schulter

Als der amerikanische Präsident den UN-Generalsekretär am Rande einer UNO-Vollversammlung begrüßte, achtete er sehr genau darauf, dass er bei seinem demonstrativ langen Händeschüttler an der linken Seite stand. Verstärkt hat er seinen Dominanzanspruch noch damit, dass er dem UNO-Vorsitzenden während der ganzen Zeit des Händereichens die linke Hand *auf* die Schulter gelegt hat (dass dieser sich auch ja nicht über ihn erhebe ...).

Händereichen und gleichzeitig die Linke auf der Schulter des anderen ist ein klares »Überlegenheits«-Signal. Vorsicht damit!
Sie drücken Ihren Gesprächspartner nach unten.

Sollte das jemand bei Ihnen machen, könnte es ein wichtiger Hinweis auf die Beziehung zwischen Ihnen und Ihrem Gesprächspartner sein. Versuchen Sie in keinem Fall, offen Ihre Stärke dagegenzuhalten. Sie werden mehr Erfolg haben, wenn Sie dem Kunden signalisieren, dass Sie dessen »Stärke« wahrgenommen haben. Damit wird er weniger darauf erpicht sein, »es Ihnen beweisen« zu müssen.

Tipps:
- Gehen Sie auf Ihren Kunden aktiv zu.
- Reichen Sie ihm die Hand.
- Strecken Sie sie nicht in seinen persönlichen Bereich, sondern treffen Sie sich auf halber Strecke.
- Nehmen Sie den Druck Ihres Gegenübers wahr und spiegeln Sie diesen wider.
- Üben Sie einen angepassten festen Händedruck aus.

9.3 Die vier Gestiktools

9.3.1 Handflächen nach oben – oder: »palm-up«

Kennen Sie noch die Begrüßungsgeste von Winnetou? Wie würden Sie ohne Worte sagen: »Ich war es nicht«? Wie signalisiert der französische Fußballstar dem Schiedsrichter, dass er einem Italiener nie etwas zuleide tun könnte: »Ich habe den Italiener nicht einmal berührt«?
Genau, immer mit offenen Handflächen.

Wenn immer Sie Offenheit signalisieren wollen, zeigen Sie Ihre Handflächen.
Offene Handflächen haben eine enorme Wirkung auf uns Menschen. Sie können durchaus auch manipulativ wirken: Es steckt nämlich an! Wenn Sie mit möglichst offener Handhaltung auf Ihre Mitmenschen zugehen, signalisieren Sie große Offenheit.

Diese Menschen werden schneller Vertrauen zu Ihnen aufbauen, da Sie ihnen vermitteln, dass Sie nichts »im Schilde führen«.
Diese Öffnung erkennen Sie am schnellsten, wenn Sie bei Ihren Mitmenschen auch immer öfter deren Handflächen zu sehen bekommen.

Wertschätzung
Eine offene Handfläche hebt Ihren Gesprächspartner eher nach oben, während eine geschlossene Handfläche eher unterdrückend wirkt.

Übung
Unterstützen Sie folgende Aussage mit unten aufgeführten Gesten:

»Bitte sagen Sie mir Ihre Meinung dazu.«

1. Verschränken Sie dabei Ihre Arme vor der Brust, senken Sie Ihre Stimme; Ihr Kopf geht leicht nach unten, sodass Ihr Hals nicht mehr frei sichtbar ist. Gleichzeitig drehen Sie sich leicht von Ihrem Gegenüber weg.

2. Öffnen Sie sich diesmal: Heben Sie Ihre Augenbrauen, lächeln Sie, breiten Sie Ihre Arme aus und laden Sie mit lebendiger Stimme und offenen Handflächen zum Meinungsaustausch ein.

Welche der beiden Durchgänge wird bei Ihrem Gegenüber glaubwürdiger ankommen?

Wollen Sie ehrlich die Meinung Ihres Kunden erfahren und die offenen Fragen hören, zeigen Sie dies mit offenen Handflächen.
Öffnen Sie all Ihre »Scheunentore« und lassen Sie die Menschen und deren Meinungen herein. (Das heißt nicht, dass Sie bei Verkaufsgesprächen Ihre Arme auf den Tisch legen, als ob Sie bei einer Bluttransfusion wären.)

Je früher Sie Offenheit signalisieren, desto weniger versteckte Einwände wird es in der Geschäftsanbahnung geben.

Je mehr Ventile Sie den Menschen geben, ihre Bedenken offen zum Ausdruck zu bringen, desto weniger laufen Sie Gefahr, echte Einwände nicht zu hören und somit nicht darauf reagieren zu können.

Wenn Sie nicht wissen, warum ein Kunde doch beim Mitbewerber gekauft hat, hat Ihr Kunde vielleicht nicht die Möglichkeit gehabt, offen seine Bedenken zu äußern.

Vermitteln Sie deswegen mit Ihrer Gestik Offenheit und Einladung zum Meinungsaustausch.

Mit diesem Gestus können Sie auch Unsicherheit und Verletzlichkeit darstellen.

In manchen, ausgewählten Situationen kann es von Vorteil sein, dies auszustrahlen, zum Beispiel:

- wenn Sie nach Ihrer Meinung gefragt werden und keine haben,
- wenn Sie ehrlicherweise kein Argument gegen einen echten Einwand haben,
- wenn Sie wirklich mit Ihrem Latein am Ende sind.

Hier ist ehrliches Eingestehen am besten. Tun Sie das mit voller »Offenheit«. Und unterstreichen Sie das mit Ihren Händen. Sie werden weit weniger Angriffsfläche bieten, als wenn Sie versuchen zu »verbergen«, dass Sie nicht mehr weiterwissen.

Offene Handflächen sind von großem Nutzen, zum Beispiel:
- wenn Sie »offen« für Fragen vom Gegenüber sind,
- wenn Sie die Entscheidung Ihrem Gegenüber »offen« lassen wollen,
- wenn Sie mal nicht weiterwissen.

Achtung: Halten Sie Ihre Handflächen bei Palm-Up-Gesten (leicht) seitlich vom Körper. Nach vorne gerichtet könnten diese Gesten als Abwehrsignal gedeutet werden.

Offene Handflächen sind sehr oft hilfreich.
Und doch gibt es auch Situationen, wo sie genau das Gegenteil signalisieren.

Markus, der junge Verkäufer im Möbelhaus, ist mitten im Kundengespräch mit einem Ehepaar. Die Kundin fragt Markus:
»Was meinen Sie, passt die hellrote oder die orange Couch besser in unser Wohnzimmer?«
»Mmh, das fällt mir jetzt ehrlich schwer, für Sie zu entscheiden.«
Dabei zieht er die Schultern hoch, öffnet die Handflächen und dreht sie nach oben. Unterstützt dies noch mit hochgezogenen Augenbrauen und heruntergezogenen Mundwinkeln.

Die Kundin überlegt, dreht sich zu ihrem Mann und entscheidet sich für Orange.
Am Ende fragt die Kundin: »*Und Sie meinen wirklich, dass die Oberfläche leicht abzuwischen ist?«*
Markus meint: »*Ganz bestimmt, das versichere ich Ihnen!«*
Dabei macht er dieselbe Geste wie vorhin. Handflächen nach oben mit hochgezogenen Augenbrauen.

Hätte man nur die Gesten gesehen und keine Worte dazu, hätte man zum einen keinen Unterschied an der Körpersprache erkannt. Zum anderen wäre beide Male eine »Offenheit«- beziehungsweise »Hilf-losigkeits«-Geste gedeutet worden.

Dieselbe Körpersprache bei Unsicherheit und beim Versuch der Kompetenzvermittlung ist ein »Eigentor«.

9.3.2 Handflächen nach unten – oder: »palm down«

Übung

Stellen Sie folgende Situation zweimal dar:

»Eines kann ich Ihnen versichern, das neue Produkt ist zurzeit das Beste am Markt.«

1. Arme leicht angehoben, Hände auf Schulterhöhe, nach oben gedrehte Handflächen (palm up), Augenbrauen nach oben.

2. Arme gesenkt, etwas enger am Körper. Hände auf Hüfthöhe, Handflächen zum Boden gedreht, mit ganz leicht wippenden Bewegungen.

Nun spielen Sie dieselbe Geste einem Zuhörer vor und lassen Sie ihn entscheiden, mit welchem Gestenkomplex Sie kompetenter wirken. Wenn Sie beim ersten Mal noch schneller, lauter und höher sprechen und beim zweiten Mal **langsamer, leiser und tiefer,** dann wird sich Ihr Zuhörer für den zweiten Durchgang entscheiden.

Mit etwas schauspielerischem Geschick können Sie so die Gefühle Ihrer Zuhörer und Zuschauer positiv beeinflussen.

Den beiden Durchgängen werden entgegengesetzte Attribute zugeschrieben wie:

inkompetent – kompetent,

kennt sich nicht aus – weiß, wovon er spricht,

bis hin zu:

nervig – strahlt Ruhe und Sicherheit aus.

All das haben Sie mit vier kleinen Veränderungen gesteuert:

- Langsamer
- Leiser
- Tiefer
- »Palm down«

Somit haben wir eine zweite Handstellung, die von enormem Nutzen ist.

Wie zeigen Sie Ihrem Hund, wer der Herr im Haus ist? (Zur Verstärkung eventuell noch den Finger.) Wie hat der Lehrer in der Schule gedeutet, dass sich die Klasse setzen solle? Wie deuten Sie »schön langsam, alles mit der Ruhe«?

Handflächen nach unten (»palm down«) signalisieren Autorität und Unterdrückung.

Wenn ein Verkäufer sein Gegenüber einladen möchte, Fragen zum Produkt zu stellen, und dabei beide Handflächen nach unten richtet, signalisiert sein Körper: Ich möchte alle Kommentare unterdrücken.

Setzen Sie dies am Ende eines Verkaufsgesprächs ein, wenn Sie kurz vor dem Abschluss sind und die Sache nicht mehr zerreden wollen.

Im Restaurant gibt es einen Knall, alle Menschen erschrecken. Von links vorne eilt ein Mann herein, breitet beide Arme links und rechts auf Brusthöhe weit aus. Dabei hat er die Handflächen nach unten gerichtet und wippt leicht mit den Armen.

»Keine Panik, ich kenn mich hier aus und habe alles unter Kontrolle«, scheint er damit zu sagen.

Diese Geste hat also Vor- und Nachteile.
Wenn Sie mit dieser Geste Einladungen aussprechen, wirken Sie nicht sehr »einladend«.
Andererseits vermitteln Sie Kompetenz, da Sie alles »unter Kontrolle« haben.

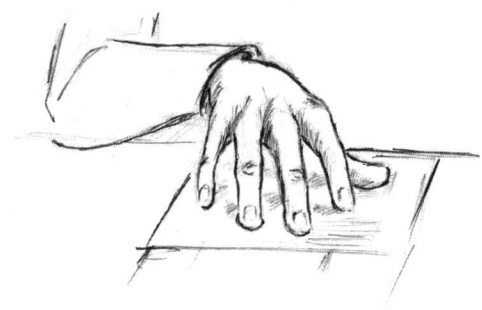

»Palm down« verleiht Ihrem Auftritt

Sicherheit.

- **Kompetenz**
- **Beruhigung**
- **Autorität**
- **Unterdrückung**

9.3.3 »Energetischer«

»Niemals mit nacktem Finger auf andere Menschen zeigen«, habe ich als Kind oft gehört.
Und wirklich, wenige Signale wirken so aggressiv wie das direkte Deuten mit dem Zeigefinger auf eine Person.
Das kennen Sie aus Ihrer Schulzeit. Als der Lehrer von ganz vorne, über alle Köpfe hinweg, auf Sie gezeigt hat. Und Sie wussten in dem Moment: »O Gott, hätte ich mich doch auf den Unterricht besser vorbereitet.«
Wenn Sie Ihrem Hund »Platz« befehlen, tun Sie das wahrscheinlich mit einer Palm-down-Bewegung mit ausgestrecktem Zeigefinger.

Das Ausstrecken des Zeigefingers strahlt viel Aggression und Macht aus. Wenn es ein absolutes »No, no« im Verkaufsgespräch gibt, dann dieses: Niemals mit dem Finger auf eine andere Person zeigen!

Vorteile
Nun, da wir klar abgegrenzt haben, schauen wir uns an, wo diese Handhaltung von Nutzen sein kann.

Anker auswerfen
Die Finger können uns als »mentaler Anker« dienen.
Hans zum Kunden:
* *»Also, erstens haben Sie mit uns eine volle Garantie über zehn Jahre (hebt den Daumen deutlich sichtbar auf Kopfhöhe),*
* *zweitens haben Sie bei uns in allen Fragen ein und dieselbe Ansprechperson (streckt nun den Zeigefinger deutlich sichtbar aus), und*
* *drittens gibt es auch noch unsere 24-Stunden-Hotline, die für Sie immer da ist (streckt den Mittelfinger zu den anderen beiden Fingern dazu).«*

Gegen Ende des Gesprächs fasst Hans zusammen:

»Und wenn Sie an die drei (hebt in gleicher Manier die drei vorhin gezeigten Finger deutlich sichtbar auf Kopfhöhe) vorhin genannten Fakten bedenken, ...«

Damit hat er ohne Worte die wichtigsten Fakten für seinen Kunden in Erinnerung gerufen.
Er hat die vorhin »geankerten« Aussagen beim Kunden abgerufen.
Wichtig dabei:

- Die Hand und die Finger müssen gut sichtbar sein.
- Die Handfläche gehört zum Kunden hingedreht.
- Das Signal muss länger ausgesendet werden. (Wenn möglich, halten Sie den entsprechenden Finger so lange in die Höhe, solange Sie über den jeweiligen Punkt eins reden. Zumindest aber mehrere Sekunden.)

Verlängerter Zeigefinger

Während wir reden, benötigen wir all unsere Konzentration, um unsere Worte bewusst zu steuern. Meist schenken wir da einem Stift in unserer Hand zu wenig Aufmerksamkeit. Allzuleicht wird das Schreibwerkzeug zur »Waffe«, die wir unbewusst auf unsere Gesprächspartner richten.

Keine Medaille ohne zwei Seiten.

So unangenehm der Stift auf der einen Seite sein kann, so wertvoll kann er auf der anderen Seite sein. Sehen Sie das im Folgenden:

Prospekte und Neugier

Sie kennen das: Kaum legen Sie die neuesten Prospekte auf den Tisch, schon fällt Ihr Kunde mit dem Gesicht nahezu hinein und schenkt Ihren Worten keine Aufmerksamkeit mehr.

Egal, was Sie ihm nun sagen, er wird es nicht registrieren. Vor allem, wenn Sie ihm in dem Moment wichtige USPs (Unique Selling Proposition; englisch für Alleinstellungsmerkmale) nennen, kann Sie das Ihren Abschluss kosten.

Wichtig daher

Unterlagen kommen erst bei deren Einsatz auf den Tisch.
Sobald diese am Tisch liegen, geben Sie dem Leser Zeit, seine Neugier zu stillen. Alles, was Sie in dem Moment sagen, wird beim Gegenüber nicht ankommen, da er mit dem Prospekt beschäftigt ist. Halten Sie die Stille aus.

Tipp für Profis

Sobald Sie merken, dass Ihr Kunde wieder ganz Ohr ist, führen Sie ihn durch die Unterlagen, und zwar folgendermaßen:
Beginnen Sie erst mit dem Reden, wenn er wieder Blickkontakt mit Ihnen aufgenommen hat.
Sobald Sie auf einen Punkt im Prospekt Bezug nehmen, halten Sie kurz die Stiftspitze zwischen Ihre und seine Augen.
Nun führen Sie den Stift in einem Schwung zur entsprechenden Stelle im Text.
Die Augen Ihres Kunden werden dem Stift folgen. Sie werden genau an der Stelle zur Ruhe kommen, wo Sie mit dem Stift hindeuten. Am besten funktioniert dies, wenn Sie selber auch mit Ihren Augen genau mit dem Stift auf die Textstelle gleiten.
Führen Sie nun mit dem Stift durch den Text.
Um zu vermeiden, dass Ihr Kunde abermals im Prospekt hängen bleibt, während Sie schon über etwas anderes sprechen, heben Sie zum passenden Zeitpunkt den Stift wieder hoch, genau dahin, wo Sie den Blick Ihres Gegenüber haben wollen. Nämlich zwischen Ihre Augen. Damit haben Sie automatisch Blickkontakt und die volle Aufmerksamkeit des Kunden.
Jede Stiftbewegung muss dabei sehr flüssig und selbstverständlich kommen.

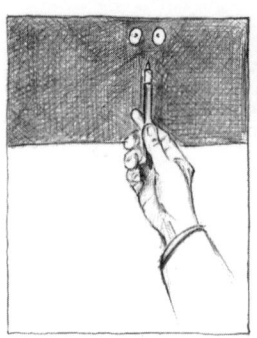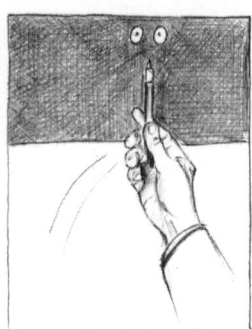

Üben Sie diese Technik ausreichend vor dem ersten Einsatz.

Die Wirkung

Beim Versuch, die Wirkung von diesen drei Handgesten (»palm down«, »palm up« und »Zeigefinger«) vor Publikum zu testen, kam Erstaunliches zum Vorschein.

Drei Redner erhielten den Auftrag, mehrmals Vorträge mit gleichem Inhalt zu halten. Dabei sollten Sie die drei Gesten verwenden. Beim ersten Mal sollten oftmals offene Handflächen gezeigt werden. Beim zweiten Mal sollten oft Handflächen verdeckt werden, und beim dritten Mal sollten sie oft den Zeigefinger verwenden.

Das Ergebnis war, dass jene Vorträge, bei denen überwiegend offene Handflächen gezeigt wurden, besonders hohe Zustimmung vom Publikum kam (84 Prozent Zustimmung).

Wurden bei genau demselben Vortrag vor allem Gesten mit nach unten gedrehten Handflächen gezeigt, sank die Zustimmung auf 52 Prozent. Bei erhobenem und ausgestrecktem Zeigefinger sank die Zustimmung auf 28 Prozent. Außerdem konnte festgestellt werden, dass sich die Zuhörer auch schlecht an den Inhalt des Vortrags erinnerten.[11]

9.3.4 »Rationaler«

Oder Nachdenkhaltung:
Finger am Kinn, während der andere Arm verschränkt vorm Oberkörper ruht.
Sie strahlen damit Nachdenklichkeit und Interesse aus.
Wenn Sie dies an geeigneter Stelle einsetzen, können Sie eine Aussage des Kunden deutlich hervorheben.
Gepaart mit einer Aussage wie »Aha, das scheint für Sie sehr wichtig zu sein«.
Damit können Sie mehrere »kleine« Einwände auf einen reduzieren.

Praxisbeispiele
Karin geht mit Freunden auf einen Basar in Istanbul.
An einem Verkaufsstand sieht sie schöne Seidentücher. 22 Euro steht daneben.
»Denkste. Dem wird ich schon zeigen, wer da der bessere Preisverhandler ist«, denkt sie sich. Also geht Karin hin und sagt: »12 Euro und keinen Cent mehr für dieses blaue Tuch.« Der Verkäufer bekommt glänzende Augen, beginnt zu grinsen und ruft enthusiastisch: »Ja, gern. Bitte, bitte! Nehmen Sie das Tuch.«

Welcher Gedanke wird Karin in dem Moment beschleichen? Möglicherweise: »Oh, das ging zu leicht. Da wäre deutlich mehr Rabatt drin gewesen ...«

Beim nächsten VK-Gespräch:

Karin ist mit ihrem Kunden schon sehr weit im Verkaufsprozess. In den meisten Punkten haben sie Einigkeit erzielt.
Am Ende meint der Kunde: »Na ja, Ihr Produkt gefällt mir schon. Nur die von Ihnen genannte Lieferzeit ist mir zu lang. Vier Wochen kann ich nicht warten. Zwei Wochen ist das absolute Maximum.«
Karin ist nun sicher, den Abschluss in der Tasche zu haben. Sie weiß: Ganz einfach wird es nicht, aber mit ein paar Telefonaten schafft sie auch diese Lieferzeit. In Vorfreude auf den bevorstehenden Umsatz platzt es enthusiastisch aus ihr heraus. Mit glänzenden Augen und einem breiten Grinsen meint sie: »Okay, okay. Gern. Klar doch. Das schaffen wir!«

Der Kunde denkt sich nun möglicherweise: »Wenn das so einfach geht, dann kann ich vielleicht noch mehr rausholen.«
Also meint er: »Gut, in zwei Wochen also. Ach ja, und mit dem Preis müssen wir auch noch was machen.«
Da Karin noch nicht ihre ganze Reserve ausgeschöpft hat, platzt es wiederum aus ihr heraus: »Okay, drei Prozent kann ich noch machen.« Der Kunde freut sich und meint: »Und in unserer Firmenfarbe hätte ich das Produkt auch noch gerne …«

Hier hätte Karin der »Rationale« geholfen.
Wenn ein Kunde grundsätzliches Einverständnis signalisiert und er noch einen letzten Einwand bringt, dann gehen Sie wie folgt vor:

Kunde: »Na ja, Ihr Produkt gefällt mir schon. Nur die von Ihnen genannte Lieferzeit ist mir zu lang. Vier Wochen kann ich nicht warten. Zwei Wochen ist das absolute Maximum.«
Verkäufer (verändert die Gestik in einen »Rationalen«): »Mmmmh.« (Nachdenkpause) »In zwei Wochen schon.« (Nachdenkpause) »Also, einfach wird das nicht. Es hängt nicht allein von mir ab. Ich muss da auch noch im Unternehmen rückfragen. Ich werde alles tun, was in meiner Macht steht, nur versprechen kann ich es Ihnen nicht. Deswegen meine Frage: Sollte ich es schaffen, schon in zwei Wochen zu liefern, sind wir uns dann handelseins?«
Kunde: »Ja, wenn Sie das schaffen, dann machen wir es.«

Man nennt diese Technik »den bedingten Abschluss«. Abschuss unter einer letzten Bedingung.[12]

Vorteile
- Sie signalisieren großes Interesse am Kunden und daran, seinen Einwand zu lösen.
- Sie »isolieren« den letzten Einwand als einzigen Einwand (und schließen damit weitgehend weitere Einwände aus).
- Der Kunde hat das Gefühl, dass Sie alle Hebel für ihn in Bewegung setzen.
- Sie bekommen das »Ja« vom Kunden, noch bevor Sie überhaupt die Bedingung erfüllt haben.

Wichtig dabei
- Lassen Sie sich Zeit mit dem Antworten.
- Lehnen Sie sich etwas zurück.
- Machen Sie eine Nachdenkhaltung.
- Antworten Sie ganz ruhig und bedacht.

Vorsicht!
Der Rationale birgt die Gefahr, dass er einige Abwehrsignale in sich vereint:

- Verschränkte Arme
- Teilweise verdecktes Gesicht
- Verdeckter Oberkörper

Achten Sie deswegen darauf, mit Ihrer Mimik und Ihren Worten Offenheit und Interesse zu zeigen.
Wie vorhin beschrieben, ist es sehr gefährlich, mit gestrecktem Zeigefinger auf andere Menschen zu deuten. Legen Sie deswegen Ihren Zeigefinger beim »Rationalen« leicht gekrümmt ums Kinn.

Gestiktools kompakt

- Offener für Offenheit
- Beschwichtigter für Sicherheit
- Energetischer für Aufmerksamkeit
- Rationaler für Interesse

9.4 Schutzgesten

20.30 Uhr im Restaurant. Gedämpftes Licht. Angenehme Hinter-grundmusik und nur das leise Klingen von Gläsern und Bestecken sind zu hören.
Plötzlich ein lauter Knall aus der hinteren Ecke des Raumes.

Genau in dieser Sekunde machen alle Menschen im Raum dieselbe Bewegung:
Sie ziehen die Schultern blitzschnell hoch. Denn in dem Augenblick geht es darum, sich selbst zu schützen.
Schutzgesten passieren schneller als unser bewusster Verstand.
Wir machen Sie nicht nur bei körperlicher Bedrohung, auch verbale Verunsicherung und ein Gefühl des »in die Enge getrieben Seins« veranlassen uns zu diesen Gesten.
Achten Sie im Verkauf auf diese Gesten beim Kunden.
Ein Cluster an Schutzgesten beim Kunden ist eine Garantie dafür, dass Sie diesmal keinen Abschluss machen werden.

Besonders schützenswerte Körperteile

Der Hals
Säbelzahntiger, Löwen und Wölfe – mit die größten Feinde unserer Vorfahren – haben als Erstes die knapp unter der Haut liegende Hauptschlagader am Hals ihrer Opfer durchtrennt.
So war es lebensnotwendig, den Hals zu schützen. Und was liegt da »näher«, als die Schultern zum Schutz einzusetzen?
Obwohl es heute in Stresssituationen meist nicht mehr um Leib und Leben geht, agieren wir immer noch so, als ob unser Körper bedroht werden würde. Wir schützen genau jenen Körperteil, der über Jahr-tausende als Erstes angegriffen wurde. Eben unseren Hals.

An Ihnen selbst können Sie beobachten, wie schwer es fällt, nach einem lauten Knall die Schultern locker hängen zu lassen. Ebenso nach einem Streit mit Ihrem Vorgesetzten, wenn Sie verbal angegriffen werden, oder im Straßenverkehr wenn Sie aufgehalten werden, weil Sie zu schnell gefahren sind.
Ganz so, als ob Sie von einem Säbelzahntiger bedroht werden würden.

Signal
Im Tierreich ist es wichtig zu erkennen, ob ein Tier »verschreckt« ist und sich somit unterlegen fühlt oder ob es »Herr der Lage« ist.
Hochgezogene Schultern sind ein untrügliches Zeichen für Unterlegenheit und Unsicherheit.
Instinktiv erkennen wir Menschen dies auch.

Im Verkauf
Wenn Sie sich in einer Verkaufssituation nicht ganz wohl gefühlt haben, werden Sie vielleicht schon bemerkt haben, dass sich Ihr Nacken und Ihre Schultern leicht verspannt anfühlen.
Dies kommt daher, dass Sie über einen längeren Zeitraum diese Körperteile nach oben gezogen und somit angespannt haben.

Werden Verkäufer von ihren Kunden über ein Detail gefragt, das ihnen unangenehm ist, vielleicht sogar peinlich, neigen sie dazu, sich zu schützen.
Indem sie die Schultern hochziehen. Manchmal nur um wenige Zentimeter.

Ein verdeckter und eingezogener Hals signalisiert Unsicherheit und Unterlegenheit.
Ein freier Hals, mit hoch erhobenem Kopf, lässt Sie sicher und kompetent erscheinen.

Eine weitere, nahe liegende Möglichkeit ist der Schutz mit Händen.
Dies kann entweder seitlich oder direkt vor dem Kehlkopf sein.

Der Nacken

Wenn einem »die Angst im Nacken sitzt«, versucht man eben diesen zu schützen. Deswegen umgreift man den Nacken mit der Hand beim Haaransatz.

Besonders in scheinbar ausweglosen Situationen und bei großer Ratlosigkeit ist diese Gebärde zu sehen.

Das Gesicht

Es ist ein kurzer Weg Ihrer Hand vom Hals ins Gesicht. Genau das tun Menschen in Situationen, in denen sie sich am liebsten verstecken würden.

Sie verdecken mit einer oder beiden Händen ihr Gesicht.

Gründe können sein, dass ihnen etwas unangenehm ist, sie sich unsicher fühlen oder etwas zurückhalten möchten.

Das haben wir von unserer Kindheit mitgenommen. Wenn Kleinkinder sich verstecken wollen, vergraben sie ihr Gesicht in beide Hände. In diesem Alter glauben Kinder noch: »Wenn *ich* die Welt nicht sehen kann, kann die Welt *mich* auch nicht sehen.«

Beobachten Sie den Fußballspieler, der den Elfmeter verschossen hat, oder jene Kandidatin, die die Frage bei der Quizshow vermasselt hat.

Beiden ist die Situation unangenehm, und sie würden sich am liebsten verdünnisieren.
Wie erreichen sie das? Indem sie ihr Gesicht teilweise oder ganz in ihren Händen verschwinden lassen.

Sobald uns etwas auf der Zunge liegt, das wir im letzten Moment noch verkneifen wollen, fahren wir uns schnell ins Gesicht. Auch wenn uns etwas herausgerutscht ist, was wir besser nicht gesagt hätten.
Wenn Ihr Kunde sich etwas verkneifen muss oder will, macht er ebenfalls diese Geste.
Der Grund dafür könnte sein, dass Sie einen zu hohen Gesprächsanteil haben.
Geben Sie ihm mehr Möglichkeiten, seine Meinung zu äußern.

Exkurs: Pinocchio-Syndrom

Alan Hirsch und Charles Wolf analysierten den Auftritt Bill Clintons vor der Grand Jury.
Sie stellten fest, dass Clinton immer dann besonders häufig seine Nase berührte, wenn er die Unwahrheit über seine Beziehung zu Monica Lewinsky sagte. Durchschnittlich alle vier Minuten griff er sich ins Gesicht.
Die beiden Wissenschafter erklärten dies mit dem »Pinocchio-Syndrom«.
Sie vermuteten, dass beim Lügen die menschliche Nase um Bruchteile von Millimetern länger werde – genauso wie bei der Holzfigur des italienischen Autors Carlo Collodi. Dies geschehe durch die Erweiterung der Blutgefäße.
Durch die stärkere Durchblutung stelle sich dann ein unangenehmer Juckreiz ein, der einen dazu veranlasst, sich an die Nase zu fassen.

Da diese Theorie nicht ganz unumstritten ist, wäre es übereilt, aus der Berührung der Nase auf die Unaufrichtigkeit einer Person zu schließen.

Fortpflanzungsorgane

Fast sprichwörtlich ist die Freistoßhaltung beim Fußball. Immer wieder werden Scherze darüber gemacht, und doch ist es eine typische und meist unbewusste Reaktion von Männern – und Frauen.

Genau diese Haltung können Sie bei Menschen sehen, die sich vor anderen schützen wollen.

Scheinbar entspannt lassen sie beide Hände mit verschränkten Fingern in Beckenhöhe hängen oder auch beide Hände ineinander gelegt, wie das am Fußballfeld zu sehen ist.

Besonders wenn man vor Publikum steht, ist die Versuchung groß, sich auf diese Weise zu schützen und so seine »Nacktheit« zu verbergen.

Arme verschränkt

Wenn wir uns unwohl fühlen, versuchen wir uns instinktiv so klein und unauffällig wie möglich zu machen.

Arme eng am Oberkörper. Vorne verschränkt. Damit ist ein wichtiger Teil unseres Körpers geschützt.

Bei genauem Hinsehen werden Sie erkennen, dass es Unterschiede gibt, wie ein Mensch seine Arme verschränkt.

- Wenn er dabei seine Fäuste ballt, ist es ein untrügliches Zeichen für starke Verschlossenheit.
- »Sich selbst festhalten« erkennen Sie, wenn sich Menschen beim Verschränken der Arme beide Oberarme festhalten. Schauen Sie genau hin, zum Beispiel in Wartezimmern von Zahnärzten und bei Bewerbungsgesprächen.

Max sitzt einem wichtigen Kunden gegenüber. Thema ist die neue Produktlinie. Genau aus dem Grund hat Max den Termin bekommen. »Nur« aus dem Grund, wie der Kunde am Telefon gemeint hat. »Ich habe wenig Zeit und gebe Ihnen den Termin nur sehr ungern. Also bitte keine Zeitverschwendung mit Allgemeininfos.«

Richtig wohl fühlt er sich nicht. Zum einen hat er die Unterlagen nur kurz überflogen. Er hat gehofft, dass er bei der Anfahrt zum Termin von seinem Kollegen ein Briefing am Telefon bekommen würde. Der hat sich leider dasselbe gedacht. Außerdem hat Max gehört, dass die neue Produktlinie in Wirklichkeit keine Verbesserung sei, sondern nur ein Marketinggag.

Genau mit dieser Einstellung sitzt er nun beim Kunden. Ständig mit Gefühlen wie: »Hoffentlich fragt er nicht zu genau, hoffentlich merkt er nicht, dass ich nicht gut vorbereitet bin, hoffentlich erkennt er nicht, dass das Produkt nicht wirklich etwas Neues ist ...«)
Als dieses Gefühl immer stärker wird, rückt Max unmerklich mit dem Sessel zurück, senkt seinen Blick, zieht die Schultern leicht nach oben und verschränkt beide Arme vor seinem Oberkörper.

Damit signalisiert er Verschlossenheit, Unsicherheit und auch Zurück-Haltung. (Er hält etwas zurück.)
Max steht vor der Herausforderung, einen skeptischen Kunden positiv zu stimmen. Somit sind genau jene Signale, die er aussendet, unvorteilhaft.
Besser wäre es, viel Sicherheit zu vermitteln über Kompetenz und totale Offenheit. Auch Dynamik und Enthusiasmus sind beim Überzeugen von Menschen unheimlich wichtig.
(Vgl. Kapitel 9.3.1 und 9.3.2)

Der Nutzen

Bleiben wir noch einen Moment bei den verschränkten Armen: Wo können sie uns von Nutzen sein?

Birgit hat ein tolles Verkaufsgespräch absolviert. Am Ende des Gesprächs stellt sich heraus, dass der Kunde ein sehr harter Preisverhandler ist. Birgit ist am Limit und hat auch (nahezu) all ihre Möglichkeiten ausgeschöpft. Ein letztes Mal setzt der Kunde an: »Jetzt sind wir schon so lange Kunde bei Ihnen, Birgit. Also, ein bisschen was muss schon noch gehen.«
Genau zu dem Zeitpunkt rückt Birgit ihren Sessel ein klein wenig (!) zurück, blickt ihm in die Augen, verschränkt ihre Arme – und schweigt.

Damit sendet sie folgende Signale aus:

- »Ende der Fahnenstange erreicht«: durch das Zurückgehen und die Verschränkung
- Selbstsicherheit: durch den Augenkontakt und das Schweigen

Ihr Kunde

Wenn Ihr Kunde mit verschränkten Armen vor Ihnen sitzt, muss dies nicht unbedingt ein Verschlossenheitszeichen sein.
(Vgl. die drei Grundregeln auf Seite 45 ff.)

Erkennen Sie mehrere Signale, die in Richtung Verschlossenheit deuten. Versuchen Sie Ihren Kunden aus dieser Position zu lösen.

- Seien Sie möglichst offen. Halten Sie die Arme offen und zeigen Sie Ihre Handflächen.
- Verändern Sie Ihre Sitzposition – damit verändert Ihr Kunde möglicherweise auch seine.
- Zeigen Sie Ihrem Kunden etwas, und zwar so, dass er sich vorbeugen muss.
- Geben Sie Ihm etwas in die Hand.

Dies hilft auch beim Reden vor Gruppen. Aktivieren Sie Ihre Zuhörer, indem Sie sie aus der »Arme verschränkt«-Position herausholen. Denn Sie wissen: Das Öffnen der Körperhaltung öffnet auch den Geist.

Wichtig

Lassen Sie sich nicht von verschränkten Armen entmutigen: Mit interessierter Mimik bedeuten verschränkte Arme auch:
Ich bin interessiert, möchte jetzt aber nicht »hand«-eln. Reden Sie weiter, ich beschränke mich derzeit aufs Zuhören.

Arme in die Seiten gestemmt

Eine große Firmenversammlung aller Verkaufsmitarbeiter des deutschsprachigen Raums verspricht ein tolles Event zu werden. Horst, seit zwei Jahren dabei, ist ein wenig nervös.

Schon beim Eintritt in die Halle ist er beeindruckt. Riesenbühne, tolle Lichtshow. Die Highlights der Firmengeschichte werden, von bombastischer Musik untermalt, an die überdimensionale Leinwand projiziert. Starredner sind angesagt, und am Ende soll es ein tolles Abendessen geben. Da hat die Firmenleitung wirklich nicht gespart. All das Drumherum ist sehr beeindruckend. In diesem Moment fühlt sich Horst nur als ein sehr kleines Rädchen in diesem Riesenunternehmen.

Als er am Eingang vorbei ist, gesellt er sich zu einem Grüppchen, um nicht alleine im Saal zu stehen. In der Runde von »Fremden« weiß er noch nicht so recht, wie er das Gespräch beginnen soll.

All dies bringt Horst in eine defensive Position. Unterbewusst versucht er sich in dieser fremden und überwältigenden Umgebung zu schützen. So verschränkt er zunächst beide Arme vor der Brust. Als er die ersten Worte mit Kollegen wechselt, stemmt er beide Arme seitlich an die Hüften.

»Bitte kommt mir nicht zu nahe«, scheint er damit zu sagen.

In dieser Position wirkt er nicht sehr einladend auf seine Kollegen. So wird es immer schwieriger für ihn, ein Gespräch zu beginnen.

Für die Praxis

Arme in die Seite stemmen wirkt abweisend. Die Ellbogen sind sozusagen Ihre Verteidigungsbastionen. Sie werden von Ihrem Gesprächspartner eher als abweisend wahrgenommen.
Versuchen Sie diese Armstellung im Kundengespräch zu vermeiden.

Ihr Kunde
Nehmen Sie wahr, dass Ihr Kunde möglicherweise unsicher ist. (Unsicherheit zeigt sich im Leben oft als »Arroganz«.)
Geben Sie Ihrem Gegenüber alles, was ihm hilft, sich in der momentanen Situation wohl zu fühlen.
Das heißt: Verändern Sie etwas an der jetzigen Situation. Das kann eine Kleinigkeit sein wie Ihre Stimme, Ihre Sitzposition, Ihr Sitzplatz oder auch ein Raumwechsel. Vielleicht hilft auch ein Themenwechsel. Wenn Ihr Gegenüber wieder eine offene Haltung eingenommen hat, können Sie, wenn nötig, auf das Thema zurückkommen.

Arme hinter dem Rücken verschränkt
Kennen Sie das Kinderspiel: In welcher Hand ist das Bonbon?
Dabei werden beide Hände zu Fäusten geballt und hinter dem Rücken verschränkt. Das Kind soll nun erraten, wo die Süßigkeit »versteckt« ist.

Genau so wirkt diese Armhaltung auch auf Erwachsene: »Ich gebe nicht alles von mir preis. Ich verstecke etwas.«
Agenten des Amerikanischen Secret Service achten bei ihrer Jagd auf Verdächtige in großen Menschenansammlungen unter anderem stark darauf, ob sich jemand verdächtig macht, indem er eine oder beide Hände versteckt hält!
Ihre Hände sollten im Verkaufsgespräch, wann immer möglich, sichtbar sein.

Ihr Kunde
Achten Sie auf die Handflächen Ihres Gegenüber.
Versteckte Handflächen sind kein Ersatz für einen Lügendetektor, und doch sollten Sie es registrieren, wenn Ihr Kunde beginnt, seine Handflächen zu verstecken. Wie beim Pokerspiel werden Handflächen versteckt, um sich nicht in die Karten schauen zu lassen.

Ihr Kunde sagt: »Also, ich will mal ganz offen mit Ihnen reden.«
In dem Moment verschwinden beide Hände hinter seinem Rücken.
Achtung!

Möglicherweise wird er mit Ihnen doch nicht ganz so offen reden.

Auch hier gilt: Helfen Sie Ihrem Kunden, aus der Position »herauszukommen«. Nehmen Sie wahr, bei welchem Thema die Arme nach hinten verschwunden sind. Dieser Punkt könnte ein Thema sein, welches Sie behutsam behandeln sollten.

Wenn Sie umgekehrt bemerken, dass die Handflächen im Laufe des Gesprächs immer offener zu sehen sind, kann das ein Hinweis sein, dass Ihr Kunde Vertrauen gefasst hat.

Gespreizte Finger
Deutlich gespreizte Finger sind nur unter Anspannung über längere Zeit aufrecht zu halten. Ihr Kunde wird keine Kaufentscheidung treffen, solange er seine Finger derart hält.
Achten Sie besonders darauf, wenn die Finger nach einer bestimmten Aussage von Ihnen gespreizt werden. Es könnte sein, dass Sie ein heikles Thema angesprochen haben.

Häufig beobachte ich dieses Signal bei Vortragenden, die sich in ihrer Rolle unwohl fühlen. All ihre Anspannung zeigt sich unter anderem in ihren Fingern.
Dabei kann es auch vorkommen, dass nur ein oder zwei Finger weggestreckt werden.

Damit wird weder Sicherheit noch Kompetenz signalisiert.
Die innere Anspannung kommt damit stark zum Ausdruck.

Verschränkte Finger
Gerda hat einen Termin mit einem »Schlummerkunden«. Seit Jahren schon ist sie an dieser Firma dran. Beim letzten Mal stand sie ganz knapp davor, den Auftrag zu bekommen.
Leider wurde dann doch wieder dem Mitbewerb der Vorzug gegeben.

Nun ist sie wieder an einem Auftrag dran und hat ein gutes Gefühl. Heute will sie zum Zug kommen.
Ihr Gegenüber lehnt sich bequem in seinem Sessel zurück, beide Ellbogen auf die Armlehnen gestützt. Dabei hält er seine Hände mit verschränkten Fingern vor seinem Bauch.

Gerda denkt sich: »*Schön, er sieht ganz entspannt aus.*« *Also nichts wie ran an die Abschlussfrage.* »*Könnten Sie sich eine Zusammenarbeit mit uns vorstellen?*« – »*Ja klar. Sie müssen wissen, auch letztes Jahr schon habe ich mich für Sie eingesetzt.*« *Dabei bemerkt Gerda, wie er seine Finger immer fester verschränkt, bis diese weiß anlaufen.*

Möglicherweise ist sie auf einen wunden Punkt gestoßen.

Tipp
Hinterfragen Sie die Situation und machen Sie einen »Kompetenzabschluss«[13].

Auf den ersten Blick scheint eine Handposition, bei der die Finger verschränkt sind, auf Entspannung hinzudeuten. Hier heißt es, ein wenig genauer hinzuschauen.

Sind die Hände locker ineinander gelegt, oder sind die Finger leicht in einander verschränkt, signalisiert dies Entspannung.
Bemerken Sie fest verschränkte Finger, die vielleicht sogar leicht weiß angelaufen sind, ist diese scheinbare Entspannungsposition ein starkes Zeichen für Anspannung.

Achten Sie auch darauf, wo Ihr Gegenüber seine Hände verschränkt hat.
Ellbogen am Tisch und die Hände vor dem Gesicht signalisieren eher Verschlossenheit.

- Ihr Kunde ist möglicherweise noch nicht abschlussbereit.
- Er hält vielleicht noch etwas zurück.
- Er möchte etwas sagen.

Stacheldraht
Der damalige österreichische Finanzminister reiste Anfang 2006 nach Deutschland zu seinem Amtskollegen. Dabei ging es um ein Thema, welches Österreich in der EU durchsetzen wollte. Dafür brauchte es die Stimmen der wichtigsten Mitgliedsstaaten. Kurz zuvor konnte Polen von der Sache überzeugt werden. Nach Deutschland reiste der Minister mit weit weniger Optimismus. Er wusste, dass der nördliche Nachbar wahrscheinlich nicht zustimmen würde, da sich daraus für das Land ein wirtschaftlicher Nachteil ergeben würde.

Am Flughafen waren wie üblich viele Kameras dabei. Im Originalton konnte man die Worte des Finanzministers hören. Er freue sich über die Einladung und sei schon frohen Mutes, was die Gespräche anbelange. Dabei bemühte er sein bekannt gewinnendes Lächeln und strahlte sein Gegenüber förmlich an.
Am unteren Rand des Bildes war die Handgestik des Ministers deutlich zu sehen:
Während des gesamten Dialogs hatte er seine Hände vor seinem anscheinend schützenswertesten Körperteil und seine Finger ineinander verschränkt, eigentlich richtig verknotet.

Übung

Was lesen Sie aus dieser Gestik heraus?
In welchem Licht sehen Sie nun die Worte des Ministers?

*

*

*

Finger ineinander verschränkt und nach vorne gestreckt, das lässt uns an einen Stacheldraht erinnern.
Das ist eine Abwehrhaltung, und diese lässt auf innere Angespanntheit schließen.

Zusammenfassung

Die besondere Herausforderung

Ein Kunde hat sich bei Ihnen bitter beschwert. Lieferungen wurden nicht eingehalten, und die versprochene Qualität hält nicht das, was Sie versprochen hatten. Außerdem hatten Sie angeblich vergessen, eine Bestellung weiterzuleiten, sodass es zu einem Produktionsengpass beim Kunden gekommen ist. Zu guter Letzt droht er mit sofortigem Wechsel zum Mitbewerber und einer Beschwerde über Sie bei Ihrem Chef.

Kurze Zeit später hatten Sie einen Anruf von der Assistentin Ihres Chefs bekommen. Mit der Aufforderung sich am selben Tag um 17.30 Uhr in dessen Büro einzufinden.

Wie fühlen Sie sich?
Was wird Ihr Unterbewusstsein versuchen?
Genau, es wird versuchen, Sie zu schützen: Wenn Sie Ihr Unterbewusstsein agieren lassen, werden Sie genau so erscheinen, als ob Sie nicht Herr der Lage seien.
Welchen Eindruck wird das bei Ihrem Chef hinterlassen?
Überfordertsein? Inkompetenz? Unzuverlässigkeit?

In diesen Situationen ist es wichtig, möglichst kompetent und selbstsicher zu »wirken«.

Unabhängig davon, ob Sie Schuld an der Misere tragen oder nicht: Was geschehen ist, ist geschehen. Nun kann es nur mehr darum gehen, allen Beteiligten zu vermitteln, dass Sie genug Lösungskompetenz besitzen, um die Sache nicht nur zu bereinigen, sondern auch noch einen höchstzufriedenen Kunden aus diesem Reklamationsfall zu machen.

Deshalb
- Hoch erhobener Kopf
- Lockere Schultern
- Brust heraus
- Hals frei, Hände sichtbar
- Hände weg von Gesicht und Hals
- Entspannung
- Offene Handflächen

Jede Gestik, die nach Anspannung, »Anstrengung« und Verschlossenheit aussieht, wirkt unvorteilhaft.

Sie vermitteln damit Unsicherheit und auch Inkompetenz.

Ihr Gegenüber signalisiert mit solcher Handhaltung Abwehr und wenig Lockerheit.

Erst wenn Sie jene Offenheit und Entspannung erkennen, wird Ihr Kunde auch offen genug für den positiven Verkaufsabschluss sein.

9.5 Fussel von der Kleidung

Haben Sie schon gesehen, dass Menschen beim Zuhören unentwegt Fussel von ihrer Kleidung wegzupfen und wegwischen?

Achten Sie beim nächsten Mal genau darauf. Möglicherweise sehen Sie, dass oft gar keine Fussel da sind.

Wenn diese Personen auch noch den Blickkontakt mit Ihnen meiden, seien Sie aufmerksam. Es könnte durchaus sein, dass sie anderer Meinung sind, dass sie diese jedoch nicht kundtun.

Um sicherzugehen, laden Sie sie ein, am Gespräch aktiv teilzunehmen. Offene Fragen helfen dabei, stille Einwände hörbar zu machen. Nur so können Sie diese auch ausräumen.

9.6 Hände in der Hosentasche?

Ein amerikanisches Sprichwort besagt: »One hand for confidence, two hands for arrogance.«
Gemeint ist, dass es in Ordnung ist, eine Hand während des Gesprächs oder Vortrags im Hosensack zu lassen. Das vermittelt Selbstbewusstsein.
Beide Hände in den Hosentaschen steht für Arroganz.

Dies ist, wie gesagt, ein amerikanisches Sprichwort.
An Fernsehmoderatoren kann man sehen, dass die Umgangsformen in den USA manchmal etwas lockerer sind als in Europa.

Tipp
Im Smalltalk, bei einer informellen Abendveranstaltung oder beim lockeren Gespräch am Flur ist nichts gegen eine Haltung mit einer Hand in der Hosentasche einzuwenden.
In wichtigen Gesprächen, im Verkaufsgespräch und bei Vorträgen sollten Sie es, trotz der amerikanischen Gepflogenheit, vermeiden, eine oder beide Hände in der Hosentasche zu haben.

Für die Praxis
Wenn Sie selbstsicher wirken wollen, agieren Sie so, als ob Sie keine Bedrohung zu befürchten hätten. Zeigen Sie Ihren Hals, lassen Sie die Schultern locker hängen und achten Sie auf aufrechte Haltung.
Andernfalls senden Sie Unsicherheitssignale aus. Ihr Kunde wird diese unterbewusst wahrnehmen und entsprechend »prüfend« und »überlegen« reagieren. Dies führt wiederum dazu, dass Sie noch mehr Unsicherheitssignale aussenden werden. Damit vermitteln Sie wenig Vertrauenswürdigkeit und Kompetenz.
Deswegen ist es wichtig, dass Sie, auch wenn Sie sich unsicher fühlen, versuchen, so entspannt wie möglich zu erscheinen.

9.7 Hände an den Ohren

Wenn Kunden Ihnen zuhören, zeigen sie das, indem sie sich manchmal ans Ohr greifen. Sie ziehen an ihrem Ohrläppchen, greifen sich mit einer Hand ans Ohr oder drehen den Kopf leicht seitlich und drehen Ihnen so ein Ohr zu.

9.8 Bildhaft gestikulieren

Natürlich ist es eine Möglichkeit, die Inhalte nur beim Kunden »abzuliefern«. Immerhin ist dann alles gesagt, was zu sagen ist.
(Damit haben Sie den kleinsten Teil der Kommunikation abgedeckt. Nämlich sieben Prozent.)
(Vgl. Kapitel 4.)
Im Verkauf werden Sie jedoch dann wirklich erfolgreich sein, wenn Sie es schaffen, Wichtiges und Vorteilhaftes hervorzuheben. Die Aufmerksamkeit auf bestimmte Punkte zu legen.
Am besten funktioniert das, wenn Sie aus Ihrer Präsentation eine »Geschichte« machen.
Verpacken Sie Ihre »Story« so, dass Ihr Kunde erkennt, was zuerst kommt, was die Basis ist und worauf es am Ende eigentlich ankommt.
All das erreichen Sie am besten, wenn Sie Ihre Worte mit Gestik unterstreichen.

9.8.1 Zeitabläufe

Erklären Sie Ihrem Kunden, wie die Situation früher war, wie sie heute ist und wie sie sein wird, wenn er sich für Ihre Lösung entschieden haben wird.
Sie machen es Ihrem Kunden damit einfach, Ihnen zu folgen.

In westlichen Ländern werden zeitliche Verläufe meist von links nach rechts dargestellt. Bei Balkendiagrammen, Sinuskurven und Zeitachsen. Die Vergangenheit ist immer links und die Zukunft rechts.
Auch unsere Schriftzeilen beginnen links und enden rechts (im Gegensatz zu arabischen Zeilen).

Vergangenheit   Gegenwart   Zukunft

Wenn Sie eine Entwicklung zeitlich verdeutlichen wollen, zeigen Sie mit Ihren Armen und Händen auf die entsprechende Seite, wenn Sie über Vergangenheit, Gegenwart und Zukunft sprechen. So treffen Sie Ihre Aussage noch deutlicher.

Achtung
Wenn Sie die Zeitachse für Menschen darstellen, die sich Ihnen gegenüber befinden, müssen Sie die Seiten vertauschen. Das heißt: Vergangenheit ist rechts und Zukunft ist links von Ihnen!

Zukunft	Gegenwart	Vergangenheit

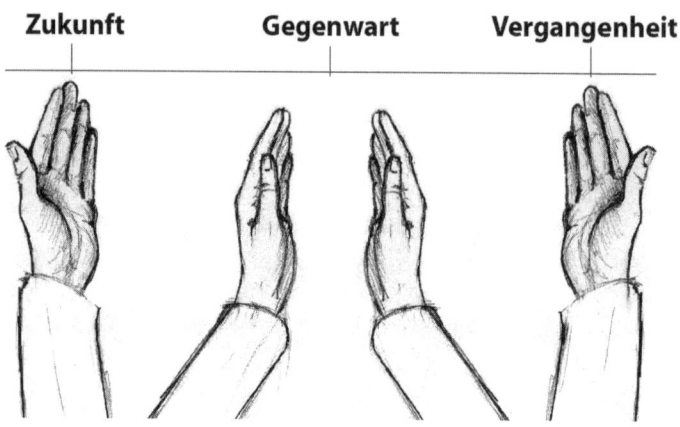

Beispiel
Früher waren für die Produktion vier getrennte Arbeitsschritte nötig. Dieses Jahr haben wir es geschafft, dieselbe Tätigkeit in zwei Schritten zu erledigen.
In Zukunft werden wir die gesamte Herstellung in einem Schritt durchführen, was eine enorme Zeitersparnis bedeutet.

Mit den Armen unterstützt:

Früher waren für die Produktion vier getrennte Arbeitsschritte nötig.

Halten Sie einen Arm deutlich rechts von Ihrem Oberkörper. Behalten Sie in so lange dort, solange Sie den Satz aussprechen.

124

Dieses Jahr haben wir es geschafft, dieselbe Arbeit in zwei Schritten zu erledigen.

Bei diesem Satz halten Sie beide Arme zentral vor Ihrem Rumpf.

In Zukunft werden wir die gesamte Herstellung in einem Schritt durchführen, was eine enorme Zeitersparnis bedeutet.

Beim gesamten letzten Satz halten Sie Ihre linke Hand deutlich links von Ihrem Oberkörper.

Wichtig

Eine kurze, kleine und undeutliche Gestik vermittelt Hektik und Unsicherheit. Die Bewegungen müssen deutlich, groß und ausreichend lang dargestellt werden.
Damit unterstreichen Sie Ihre Geschichte. Sie verleihen Ihr Gewicht.
Außerdem machen Sie es Ihrem Zuhörer sehr einfach, Ihnen zu folgen. Er weiß immer, wovon Sie gerade sprechen.

Vor Publikum

Wenn Sie vor kleineren oder größeren Gruppen sprechen, können Sie diese Zeitachse noch verdeutlichen, indem Sie nicht nur die Arme ausstrecken.
Nehmen Sie in der »Vergangenheit« zusätzlich eine Stelle rechts vom Publikum ein. In der »Gegenwart« in der Mitte der Bühne und in der »Zukunft« links. Somit verankern Sie diese Plätze und Armbewegungen mit der entsprechenden Chronologie. Entscheidend dabei ist, dass Sie diese Orte und Bewegungen konsequent beibehalten.
Immer wenn Sie auf das Thema Vergangenheit zurückkommen oder es von Ihrem Auditorium angesprochen wird, müssen Sie auf die rechte Seite wechseln.
Dasselbe gilt für Gegenwart und Zukunft.

Tun Sie das mit einer großen Selbstverständlichkeit. Ihr Publikum wird nichts davon »bewusst« mitbekommen.
Sie vermitteln ihm jedoch ein klares Bild und einen einfach zu verstehenden Ablauf.

9.8.2 Kurven

Zeigen Sie Kurven mit Ihrer Hand an.
Eine ansteigende Kurve mithilfe Ihrer Dienstleistung oder Ihrem Produkt muss »vor Augen« geführt werden.
Wenn Sie sich für dieses Werkzeug entscheiden – achten Sie wiederum auf die nötige Seitendrehung vor Publikum.

Für Sie:

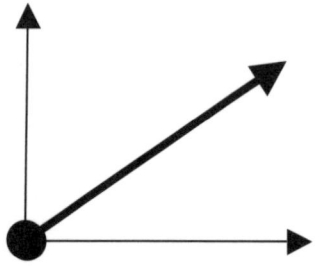

Für Ihr Gegenüber:

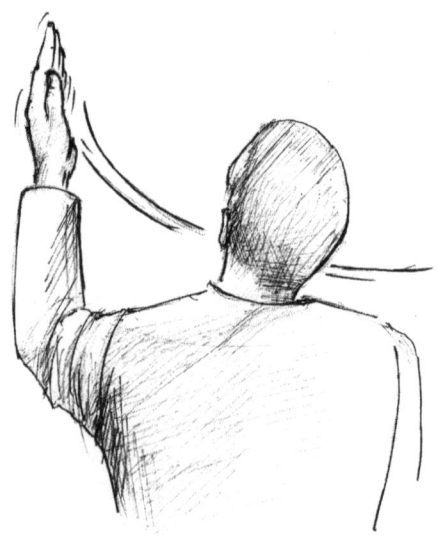

9.8.3 Der Aufbau

Wenn Sie darstellen wollen, wie wichtig eine fundierte Basis ist, dass der Mittelbau die Funktionalität erhöht und erst mit der Spitze das Ganze »ein Gesicht« bekommt, bauen Sie eine imaginäre Pyramide.

Beispiel

Die Basis ist ein gut funktionierendes Produkt.
Das Marketing unterstützt dabei, den Markennamen wirklich populär zu machen.
Der wirklich entscheidende Baustein des Ganzen ist jedoch ein erfolgreiches Verkaufsteam.

Mit den Armen unterstützt:

Die Basis ist ein gut funktionierendes Produkt.

Dabei zeichnen Sie einen großen und breiten Baustein vor Ihrem Rumpf.

Das Marketing unterstützt dabei, den Markennamen wirklich populär zu machen.

Diesen Baustein deuten Sie etwas höher und kleiner an.

Der wirklich entscheidende Baustein des Ganzen ist jedoch ein erfolgreiches Verkaufsteam.

Zeichnen Sie einen kleineren Stein noch etwas höher.

9.8.4 Zwei Seiten

Auf der einen Seite   und   auf der anderen Seite.

 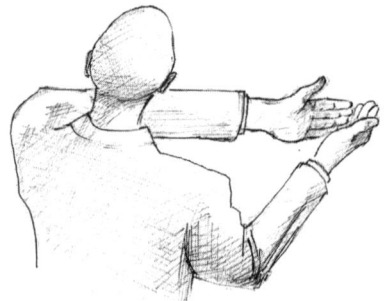

Wenn Sie von der einen Seite sprechen, halten Sie eine Hand deutlich seitlich von Ihrem Oberkörper. Solange Sie diese Seite erklären, behalten Sie die Hand dort. Sobald Sie die andere Seite der Sache ansprechen, wechseln Sie auch die Hand und somit die Körperseite.

Beispiel
Auf der einen Seite haben wir eine lange Akkulaufzeit.
Auf der anderen Seite erfüllt das Produkt alle technischen Anforderungen.

Mit den Armen unterstützt:

Auf der einen Seite haben wir eine lange Akkulaufzeit.

Arm rechts von Ihrem Oberkörper.

Und auf der anderen Seite erfüllt das Produkt alle technischen Anforderungen.

Arm links von Ihrem Oberkörper.

Wenn Sie sehr lange über »eine Seite« reden, macht es keinen Sinn, ständig die Hand auszustrecken.
Stattdessen beginnen Sie mit der ausgestreckten Hand und halten Sie sie von Zeit zu Zeit wieder hinaus. Kurz vorm Wechsel auf »die andere Seite« strecken Sie sie wieder aus und wechseln dann die Seite und das Thema. Damit haben Sie die Zweiseitigkeit verdeutlicht.

9.8.5 Zusammenführen

Wenn Sie nun die eine und die andere Seite zusammenführen wollen, tun Sie dies, indem Sie die Hände zu beiden Seiten ausstrecken und somit an die beiden Themen erinnern. Führen Sie nun die Hände vor Ihrem Körper zusammen und formen Sie einen Ball.

Auf der einen Seite haben wir eine lange Akkulaufzeit.
Und auf der anderen Seite erfüllt das Produkt alle technischen Anfor-
derungen.
Wenn wir nun beides zusammenführen, haben wir die Ideallösung.

Mit den Armen unterstützt:

Auf der einen Seite haben wir eine lange Akkulaufzeit.

Arm rechts von Ihrem Oberkörper.

Und auf der anderen Seite erfüllt das Produkt alle technischen Anfor-
derungen.

Arm links von Ihrem Oberkörper.

Wenn wir nun beides zusammenführen (Sie führen beide Arme vor Ihrem Oberkörper zusammen und formen einen Ball), *haben wir die Ideallösung.*

Tipps
- Nicht kleckern – klotzen
  Machen Sie die Bewegungen groß!
- Lassen Sie Ihre Gesten stehen – kurzes Andeuten wirkt unsicher
- Je größer das Publikum, desto größer die Bewegungen

Übung
Sie »kennen« nun vier Gestiktools.

- »Beschwichtiger« oder »palm down«
- »Offener« oder »palm up«
- »Energetischer«
- »Rationaler«

Zusätzlich »kennen« Sie nun fünf Möglichkeiten, Ihre Aussagen zu unterstreichen.

- Zeitabläufe
- Kurve
- Aufbau
- Zwei Seiten
- Zusammenführen

Beim ersten Einsatz werden diese Werkzeuge eventuell noch ungewohnt und fremd wirken. Vielleicht wissen Sie auch noch nicht, wie Sie sie am besten mit den Worten verknüpfen. Außerdem könnte es sein, dass Sie unbewusst immer wieder zur selben Gestik zurückgreifen.

Wertvoll werden diese Bewegungen *nur* dann, wenn Sie diese bewusst steuern können. Denn »kennen« heißt noch nicht »können«. Die Verbindung vom »Kennen« zum »Können« ist das TUN! Deswegen empfehle ich Ihnen, die folgende Übung so oft wie möglich durchzuführen. Verwenden Sie dazu das passende Werkzeug. Übertreiben Sie dabei die Bewegungen, indem Sie sie lang und groß machen.

In der Praxis beim Kunden werden Sie meist ohnehin kleiner und undeutlicher gemacht.

Übung
Stellen Sie folgende Sätze dar.
Verwenden Sie nur die oben beschriebenen neun Werkzeuge.

1. Das kann ich Ihnen versichern!

2. Ich bin offen für Ihre Fragen.

3. Diese drei Punkte sind wichtig.

4. Aha, das klingt interessant.

5. Ich werde eine Lösung für Sie schaffen.

6. Wann immer Sie Hilfe brauchen: Ich bin für Sie da!

7. Die einen sagen dies, die anderen das.
   Ich kenne mich nicht mehr aus.
   Können Sie mir helfen?

8. Früher war alles besser.
   Heute ist es schon bedeutend schwieriger.
   In Zukunft kann es nur wieder viel einfacher werden.

9. Wenn wir alles zusammenführen, werden Sie kontinuierlich von derzeit zwölf auf bis zu 22 Prozent wachsen.

10. Früher hatten wir mit der Sache immer wieder zu kämpfen. Seit wir das neue System haben, läuft die Sache viel runder. In Zukunft werden wir das System auch für andere Abteilungen verwenden.

11. Unser Verkaufsteam liefert kontinuierlich gute Zahlen. Das ist die Grundlage des Erfolgs.
Sie als Verkaufsleiter stehen zwischen Verkaufsmannschaft und Unternehmensleitung.
Ihre Aufgabe ist es, auf der einen Seite die Verkaufstätigkeit zu steuern und auf der anderen Seite uns am Laufenden zu halten.
Wir von der Geschäftsleitung wollen lediglich einen Überblick, damit wir uns auf die strategische Ausrichtung konzentrieren können.

12. Auf der einen Seite ist es die Sicherheit.
Auf der anderen Seite der Komfort.
Wenn wir beides zusammenführen, haben wir die Ideallösung.

13. Die Basis ist der Wille, es zu tun.
Dann kommt das Üben.
Komplettiert wird es mit ein wenig Geschick.

Lösung

1. Beschwichtiger (»palm down«)

2. Offener (»palm up«)

3. Energetischer

4. Rationaler

5. Beschwichtiger

6. Wann immer Sie Hilfe brauchen (Offener): Ich bin für Sie da (Beschwichtiger)!

7. Die einen sagen dies, die anderen das (zwei Seiten). Ich kenne mich nicht mehr aus (Offener). Können Sie mir helfen (Offener)?

8. Zeitachse

9. Zusammenführen, Kurve

10. Zeitachse

11. Unsere Verkaufsmannschaft liefert kontinuierlich gute Zahlen. Das ist die Grundlage des Erfolgs (Aufbau-Basisbaustein).
Sie als Verkaufsleiter stehen zwischen Verkaufsmannschaft und Unternehmensleitung (Aufbau – zweiter Baustein).
Ihre Aufgabe ist es, auf der einen Seite die Verkaufstätigkeit zu steuern und auf der anderen Seite uns am Laufenden zu halten (zwei Seiten).
Wir von der Geschäftsleitung wollen lediglich einen Überblick, damit wir uns auf die strategische Ausrichtung konzentrieren können (Aufbau – dritter Baustein).

12. Zwei Seiten, Zusammenführen

13. Aufbau

9.9 Gegenstände

Gegenstände verstärken und vergrößern oft körpersprachliche Signale. Schenken Sie ihnen ausreichend Aufmerksamkeit. Bei sich selbst und beim Gesprächspartner. Sie werden einiges »herauslesen« können.

Brille

- Ihr Kunde setzt immer wieder die Brille auf, kurz darauf nimmt er sie wieder ab. Auf, ab …
  Er ist unschlüssig, ob es angenehmer mit oder ohne Brille ist. Genauso unschlüssig steht er möglicherweise Ihrem Angebot gegenüber.
- Er benutzt die Brille als verlängerten Zeigefinger.
  Er weiß, was er will, und sendet damit auch Drohgebärden aus.
- Der Blick über den Brillenrand hinweg wirkt entlarvend.
  Sie können damit ein starkes Zeichen in der Preisverhandlung setzen und geben damit Ihrem Kunden zu verstehen: »Dieser Vorschlag ist doch nicht ihr Ernst, oder?«
  Achtung, sie können damit auch leicht überheblich und »oberlehrerhaft« wirken!

Stifte, Zeigestäbe

Ebenso wie Brillen können Schreibutensilien sehr verräterisch sein. Ständiges, unbewusstes Klicken mit dem Kugelschreiber, Öffnen und Schließen des Stifts bei der Präsentation vor versammelter Mannschaft, nervöses Herumfuchteln mit dem Zeigestab lassen auf Unsicherheit und Nervosität schließen.

Tipp
Behalten Sie Schreibgeräte nur so lange in den Händen, wie Sie sie auch wirklich zum Schreiben oder Zeigen verwenden!

Zeigestäbe erinnern zu stark an Rohrstäbe aus vergangenen Zeiten.
Basteln Sie eine Angelschnur daran und schicken Sie Ihre Kinder damit an einen Fischteich.

Taschen
Taschen auf dem Tisch oder vor der Brust bilden einen großen Schutzschild. Diese Barriere gilt es zu entfernen, bevor Sie einen Abschluss herbeiführen wollen.

Wenn Sie Ihren Auftrag in der Tasche haben, ist es an der Zeit, die Sache nicht mehr zu zerreden. Um wirkungsvoll zu zeigen: Die Sache ist unter Dach und Fach, wir sollten es dabei bewenden lassen, greifen Sie einfach zu Ihrer Tasche oder beginnen Sie Ihre Utensilien in die Tasche zu verstauen.

Wählen Sie Ihre Tasche sorgfältig aus. Sie ist ein augenscheinliches Merkmal an Ihrem Äußeren.
Beziehen Sie folgende Kriterien für Ihre Taschenwahl mit ein:

• Welches Produkt verkaufe ich?
• Eigene Persönlichkeit
• Wie ist der Stil meiner Kunden?
• Eventuell das Thema des Gesprächs

Schreibblock
Aus dem gleichen Grund legen Sie Ihren Schreibblock erst dann auf den Tisch, wenn Sie in medias res gehen. So können Sie elegant zeigen: »Jetzt haben wir genug geplaudert. Schreiten wir zum Geschäft.«

Mitschreiben
Sie haben sicher schon gehört, wie wichtig das Mitschreiben ist.
Es signalisiert Interesse und unterstreicht die Wichtigkeit der Aussagen Ihres Kunden.
Darüber hinaus können Sie es auch als körpersprachliches Signal einsetzen.
Indem Sie nicht wahllos mitschreiben, sondern nur bestimmte Worte oder Aussagen festhalten, können Sie Schwerpunkte setzen.
Besonders jene Kundenkommentare, die Ihnen in der Präsentationsphase von Vorteil sein werden, können Sie ins Zentrum rücken, indem Sie genau dann zum Stift greifen.

Unterlagen
Sollte in einem Gespräch nichts mehr gehen, weil Sie all Ihre Kulanzen ausgereizt haben, sollten Sie das Ihrem Kunden deutlich folgendermaßen signalisieren:
Klappen Sie klar und deutlich Ihre Unterlagen zu und schließen Sie Ihren Stift. Das wird Ihren Worten die entscheidende Aussagekraft verleihen.

Wie Sie Gegenstände noch nutzen können
Sie sind wunderbar im Smalltalk mit Ihrem Kunden. Alles läuft glatt. Die Beziehungsebene ist stabil. Eigentlich möchten Sie jetzt zur Sache kommen. Nur, wie beenden Sie den Smalltalk möglichst elegant?

Tipp
Behalten Sie immer Ihr Schreibgerät in der Innenseite Ihres Sakkos oder in Ihrer Handtasche bereit. Genau dann, wenn Sie meinen, jetzt sei es Zeit, zur Sache zu kommen, greifen Sie in die Tasche und holen Sie Ihren Stift heraus.
Dieses Mittel wirkt. Ihr Gegenüber wird sich körpersprachlich umgehend verändern.

Mit solchen Signalen zeigen Sie, dass Sie Herr der Lage sind. Wenn Sie zu lange zögern, aus Angst Ihr Gegenüber im Smalltalk zu unterbrechen, kann es leicht passieren, dass Ihr Kunde das Heft in die Hand nimmt und Ihnen klar zu verstehen gibt, dass er nicht ewig Zeit habe. Welchen Eindruck würde das wohl hinterlassen?
Seien Sie selbstbewusst. Ihr Kunde sitzt vor allem aus einem Grund mit Ihnen zusammen: Er möchte ebenso tolle Geschäfte mit Ihnen machen wie Sie mit ihm.

Setzen Sie Ihren Stift ein, wenn Sie zum Abschluss kommen wollen. Beginnen Sie etwas zu »fixieren«, indem Sie es zu Papier bringen (Termine, Liefermengen, Produktdetails, …).

Gehen Sie das Auftragsformular Schritt für Schritt durch. Zeigen Sie mit dem Stift mit. (Achtung: Die Spitze sollte nicht auf den Kunden gerichtet sein. Besser in Zeilenrichtung ausrichten.)
Lassen Sie den Stift beim Feld »Unterschrift« liegen.
(Vgl. Abschnitt 9.3.3, »Energetischer«.)

Gegenstände in der Hand Ihres Gegenübers
Gut beobachten kann man das bei Konzerten.
Wenn junge Nachwuchskünstler bei Auftritten noch unsicher sind, halten sie sich oft an Gegenständen fest. Sie suchen nach etwas, das ihnen Halt gibt. In vielen Fällen ist es das Mikrofonstativ.
Bei Ihren Kunden kann das ähnlich sein. Befinden sie sich in Situationen, die für sie neu sind, verunsichert sie das mitunter. Deswegen suchen sie Halt. An Kugelschreibern, Unterlagen, Mobiltelefonen, Schreibtischen, Sessellehnen, …
In diesem Fall sollten Sie darauf achten, dass Sie die Situation für Ihren Kunden noch komfortabler machen. Lehnen Sie sich zurück, gehen Sie die Sache ein wenig behutsamer an. Stellen Sie mehr offene Fragen! (»Was denken Sie über die ganze Sache?«).
Möglicherweise braucht er noch mehr Sicherheit, bevor er Ihr Angebot annimmt.

10. Vom Klappehalten

Immer wieder werden wir gefragt, welche Fähigkeiten denn nun ein erfolgreicher Verkäufer haben muss.
Zur Überraschung vieler ist nicht die tolle Redekunst das entscheidende Kriterium. Die wichtigste Fähigkeit scheint folgende zu sein: zu erkennen, wann es Zeit ist, die »Klappe« zu halten.
Und das ist im Verkaufsgespräch viel öfter der Fall, als man meinen möchte.

Geschickte Verkäufer haben erkannt, dass Kunden ihre Verkaufsargumente selber finden, wenn man ihnen die richtigen Denkanstöße gibt.
Nur Vielquassler meinen ihren Kunden möglichst viele Argumente geben zu müssen. Viele Argumente bringen viele Gegenargumente.
Die Überzeugung, ein Produkt zu kaufen, reift bei einem Kunden – mal schneller, mal etwas langsamer. Deswegen seien Sie aufmerksam, wenn er etwas sagen will. Ihr Kunde ist dann nämlich dabei, die **passenden** Kaufargumente für sich selbst zu finden.

Wann ist es Zeit, die Klappe zu halten?
Erinnern Sie sich noch an Ihre Schulzeit? Immer wenn Sie etwas zu sagen hatten, mussten Sie sich mit hoch erhobenem Arm melden. Rausrufen war untersagt.
Ihren Kunden ging es gleich. Auch wenn sie nicht dieselben Lehrer hatten.
Erwachsene machen das noch immer! Nur nicht mehr so auffällig.
Wenn sie etwas sagen möchten, kommt es vor, dass sie den Zeigefinger nach oben gerichtet an die Schläfe legen, so, als ob sie gleich aufzeigen möchten. Nehmen Sie dies wahr und stoppen Sie Ihren Redeschwall. Weiterreden hat wenig Sinn.
Denn: Gedanklich ist Ihr Gegenüber gerade dabei, seine eigenen Worte zu formulieren, und hört Ihnen nicht aufmerksam zu.
Es kann auch sein, dass Ihr Kunde mit dem Zeigefinger an die Schläfe tippt.
Wenn er mit der Faust oder seiner Handfläche seinen Mund zuhält,

muss er das nur deswegen tun, weil seine Worte sonst herausfallen würden. Er merkt jedoch, dass er jetzt nicht reden darf, da Sie ihm vielleicht keinen Raum dazu lassen. Schade vor allem, wenn er Ihnen gerade damit den Abschluss einleiten wollte …

Auch plötzliches Vorbeugen und ein tiefer Blick in Ihre Augen kann auch ein Zeichen sein für: »Ich möchte jetzt etwas sagen.«

Signale
- Erhobener Zeigefinger
- Die Hand bedeckt den Mund (»Ich möchte etwas sagen, muss es aber zurückhalten«)
- Wippen mit einem Bein oder Fuß (»Lass mich endlich auch mal zu Wort kommen«)
- Vor und Zurückwippen
- Wegschauen (»Ich hör dir nicht mehr zu, da ich gerade meine eigenen Worte formuliere«)
- Ändern der Sitz- oder Standposition
- Tiefes Atemholen
- Blick senken (»Ich habe genug gehört und möchte jetzt auch mal etwas sagen«.)

Für die Praxis
Um sicherzugehen, keine dieser Signale übersehen zu haben und damit dem Kunden eine Möglichkeit verwehrt zu haben, etwas zu sagen, setzen Sie so oft wie möglich Fragen ein.

Hierzu eignen sich vor allem offene und Rückkoppelungsfragen.[14]

Ein Verkaufsgespräch

Unser Verkäufer, nennen wir ihn Gerhard, arbeitet seit vier Jahren in der Medizintechnikbranche.
Sein Kunde ist ein niedergelassener Arzt. Dr. Johannes Möller.

Gerhard ist 36 alt Jahre und ein kompetenter Mann. Er beschäftigt sich ausreichend mit seinen Produkten, seiner Branche und kennt die Bedürfnisse seiner Ärzte einigermaßen gut.

Dr. Möller bekommt regelmäßig Besuch von Verkäufern aus der Medizintechnikbranche. Auch Pharmareferenten beehren ihn regelmäßig. Es muss schon etwas Besonderes dabei sein, damit sich Herr Möller auch ausreichend Zeit nimmt.
All das wissend, hat Gerhard einen Termin vereinbart. Aus Erfahrung weiß er, dass es ohne Termin zwar manchmal auch klappt, mit einem Arzt zu sprechen. Oft jedoch hat ein plötzliches Erscheinen zur Folge, dass man warten muss.
(Nun, liebe Leser: Würden Sie einen absoluten Spezialisten, der noch dazu eine sympathische Persönlichkeit ist, einfach warten lassen?
Nein, warten lässt man jemanden, der ungebeten irgendwo erscheint und von dem man genau weiß: Wenn ich heute keine Zeit habe, kommt er in einiger Zeit sicher wieder. Dies vermittelt nicht das optimale Selbstbewusstsein.)
Also tut Gerhard alles, was in seiner Macht steht, um das »Warten« zu vermeiden.
Aus einem einfachen Grund: Er möchte allein damit schon kompetenter erscheinen.
Um all seine Entscheidungskraft und seinen Willen zum Erfolg zu demonstrieren, ergreift er die Initiative und öffnet die Tür in einer selbstbewussten Art. Genau in dem Tempo, in dem er auch seine eigene Bürotür öffnet.
Denn – ein zu zögerliches Öffnen signalisiert eben das: Zögerlichkeit.

Mit sicheren und großen Schritten geht er auf den Arzt zu und streckt ihm die Hand entgegen.

Ja, genau: Gerhard streckt die Hand dem Arzt entgegen. Die Knigges würden möglicherweise sagen: »Moment mal. Die Etikette verlangt, dass man in diesem Fall auf die Hand des Arztes wartet.« Mag schon sein, denkt sich Gerhard: »Aber damit signalisiere ich Zielstrebigkeit. Und das ist es, was der Arzt von mir denken soll.« Gerhard bemüht sich, den Händedruck des Arztes zu erwidern. Das heißt, in etwa den gleichen Druck auszuüben.

Er wartet, bis ihm ein Platz angeboten wird. Er stellt seine Tasche seitlich neben den Sessel und legt beide Hände auf den Tisch. Genauer gesagt: an die Tischkante. Somit sind beide Hände sichtbar. Würde er sie weiter auf den Tisch legen, wäre das ein Eindringen in die Privatsphäre des Herrn Dr. Möller.

Gleich zu Beginn bemerkt Gerhard, wie der Doktor sich zurücklehnt und beide Hände hinter dem Kopf verschränkt. Kurz nimmt der Arzt die linke Hand noch nach vorne und wirft einen Blick auf seine Armbanduhr. Ein teures Modell, wie der Verkäufer erkennt.

Gerhard nimmt dieses Signal auf und fragt den Arzt, wie lange er sich für das Gespräch Zeit nehmen möchte. Wie auf Kommando rückt der Arzt ein klein wenig näher, legt auch beide Arme auf den Tisch und bittet Gerhard, schnell zu machen, da er einen dicht gedrängten Terminkalender habe.

Gerhard weiß: Der Inhalt war: »Bitte machen Sie schnell.« Die Gestik signalisiert: »Gut, dass du respektvoll mit meiner Zeit umgehst.«

Gerhard weiß, wie wichtig ein kurzer Smalltalk zu Beginn ist, und so sprechen sie kurz über die Erfahrungen mit dem neuen Verrechnungssystem mit den Krankenkassen.

Um zu signalisieren: »Jetzt geht's los«, greift Gerhard in seine Brusttasche und holt seine Füllfeder hervor. Der Arzt scheint das Signal zu verstehen, lehnt sich jetzt vor und legt beide Unterarme auf den Tisch.

»Ich habe mich auf das Gespräch vorbereitet und werde mit Ihnen ein paar Fragen durchgehen, um dann nur mehr die wichtigsten Details zu besprechen. Somit haben wir in kurzer Zeit die entscheidenden Fakten für Sie herausgearbeitet. Passt das für Sie?«

»Ja, das ist gut. Nur das Wichtigste bitte.«

Gerhard bemerkt: Von der zurückgelehnten Haltung, mit hinter dem Kopf verschränkten Armen bis hin zum Vorbeugen beider Gesprächsteilnehmer, beide Arme und Hände am Tisch und einem »Ja, gerne« ist das ein tolles Stück Weg, das Gerhard geschafft hat.

Er weiß, dass es im Verkauf entscheidend ist zu erkennen, ob der eingeschlagene Weg zu mehr Gemeinsamkeit führt oder nicht.

Durch beständiges Stellen von offenen Fragen beginnt der Arzt zu plaudern und wird sich selbst immer mehr Dinge bewusst, die er beim neuen Gerät unbedingt haben möchte.

Gerhard schreibt die wichtigsten Details in Stichworten auf. Am Ende der Bedarfserhebung wiederholt er sie kurz und holt sich viele Jas, »Kopfnicker« und Bestätigungslaute vom Arzt ab.

Dabei bemerkt Gerhard, wie Herrn Möllers Handflächen deutlich zu sehen sind und er seinen Bleistift in die Hand nimmt.

Offensichtlich möchte das Unterbewusstsein des Arztes zur Sache kommen.

Selbstsicher beginnt Gerhard zu präsentieren. Er bespricht nicht die Eigenschaften des Produkts, sondern erklärt nur mehr die Nutzen, die Herr Möller erfüllt haben wollte.

Als Gerhard auf die tolle neue Firmenfarbe zu sprechen kommt – dieses gut erkennbare Lindgrün –, legt sein Gegenüber den Bleistift zur Seite, lehnt sich zurück, verschränkt die Arme vor der Brust und legt eine Hand vor den Mund.

Blitzschnell erkennt Gerhard, dass etwas aus der Bahn zu laufen scheint, und er macht das einzig Richtige: Er stoppt sofort die Präsentation und fragt den Arzt: »Was halten Sie von dem, was Sie bisher gehört haben?«

Tatsächlich hat er auch den ersten Einwand. Die Farbe. Das hier sei eine Arztpraxis und kein Kindergarten. Er wolle alles in Weiß.

Gerhard: »Ich verstehe, die Farbe Lindgrün sagt Ihnen nicht zu, wenn, dann nur Weiß. Habe ich das richtig verstanden?«
Dr. Möller: »Ja, genau. Grün können Sie gleich vergessen.«
Gerhard (lehnt sich zurück, macht einen »Rationalen« und wartet einen Augenblick): »Mmmmh, das wird nicht ganz einfach. Es übersteigt in jedem Fall meine Kompetenzen. Ich werde mich gleich beim Lieferanten schlau machen und mich für Sie einsetzen. Eine Frage gleich vorweg: »Sollte ich das Gerät in Weiß auftreiben können, würden Sie sich dann dafür entscheiden?«
Dr. Möller: »Das Gerät an sich ist ja spannend. Wenn wir uns preislich einigen und Sie mich nicht mit Lindgrün belästigen (mit einem Lächeln), ist es absolut interessant für mich.« Sagt er und lässt sich wieder nach vorne Richtung Tisch fallen.
Gerhard bemerkt, dass er dem Abschluss schon nahe ist. Die Signale sind eindeutig: Vorbeugen, lächelndes Nicken und der Inhalt.
So viel Kongruenz auf einmal. Mit diesem »bedingten Abschluss« in der Tasche, vereinbart Gerhard einen Rückruf am selben Tag um 16.30 Uhr.

Vier Tage später konnte er den Deal perfekt machen.

In seiner Nachbereitung bemerkte Gerhard: Vor allem durch das Erkennen der Körpersprache habe ich schnell genug reagieren können.
Am Anfang seiner Verkaufslaufbahn hat er viele dieser Signale übersehen. Es war an ihm vorübergegangen, ob sich »in« seinem Gegenüber etwas tut.
Einwände erkannte er erst dann, wenn es oft zu spät war. Und so hat er vielen Kunden nicht die Möglichkeit gegeben, sich die Bedenken »von der Seele zu reden«. Abschlusssignale erkannte er damals auch noch nicht. Das Vorbeugen, der Bleistift, das Lächeln und das Nicken. All dies war für ihn jetzt so logisch, dass er früher schon blind gewesen sein musste, dachte er sich mit einem Lächeln ...

Man lügt wohl mit dem Mund, aber mit dem Maule, das man dabei macht, sagt man doch die Wahrheit.

Friedrich Nietzsche

11. Mimik

11.1 Das Lachen

Land des Lächelns

Ein schöner, warmer Frühlingsmorgen. Der erste wirklich warme Tag des Jahres. Keine Wolke am Himmel. Ich freue mich auf einen entspannten Tag mit einem netten Frühstück in der Stadt, einer Shoppingtour und anschließendem Restaurantbesuch.

An diesem Tag – gerade als ich das Haus verlasse – o nein! Wen sehe ich? Die Nachbarin.
Zurück in die Wohnung verschwinden und die Tür leise zumachen geht nicht. Sie hat mich schon bemerkt. Den halben Winter hat sie im Hausgang verbracht, um zu schreien, wenn jemand das Haustor offen stehen hat lassen. Ein paar Mal bin auch ich drangekommen. So ein Drachen.
Aber … Moment mal … Was ist los mit ihr? Sie lächelt mich an. Ganz freundlich. Was will die von mir …? Sie hat sicher etwas verbrochen. Hat ein schlechtes Gewissen. Wie zufällig überprüfe ich mein Türschloss – nein, keine Beschädigungen …
Noch keinen Schritt beim Haustor draußen, kommt mir ein Mann mit zwei großen Reisetaschen entgegen. Er tritt einen Schritt zur Seite und macht mir Platz. Dabei lächelt er mich an. Verdutzt schaue ich ihm nach. Wieso grinsen mich alle an?
Vor dem nächsten Schaufenster bleibe ich stehen. Schau mich im Spiegelbild an. Keine Peinlichkeiten an mir. Weder an den Haaren noch im Gesicht, noch an der Kleidung.
Der Straßenbahnfahrer, auch er lächelt.
Die Gäste, die das Café in dem Moment verlassen, als ich es betrete, lächeln mich auch an.
Die Kellnerin bemerkt mich gleich beim Platznehmen. Obwohl sie

noch andere Gäste bedient, fühle ich mich ertappt, da sie mich ...
anlächelt.

In dem Moment wird mir alles ein wenig unheimlich ... ein wenig
»strange«.

Aus dem Augenwinkel heraus beobachte ich meine Tischnach-
barn. Wie sie miteinander plaudern, angeregt diskutieren und sich
immer wieder anlächeln. Auch der Herr im Eck liest seine Zeitung
und lächelt. Der ist wirklich im »Eck«, denke ich mir.

Sehr eigenartig. Wie war das? Was hat die Illustrierte über den Dro-
genkonsum in In-Cafés auch tagsüber geschrieben? Auch Erzäh-
lungen über die Hippiezeit fallen mir in dem Moment ein.

Ich will gehen. Da stimmt etwas nicht.

In dem Augenblick kommt die Kellnerin und begrüßt mich freundlich mit einem Lächeln.

Nur einen Espresso möchte ich. Verstohlen schaue ich zur Bar, ob
sie auch wirklich nur Kaffeepulver und Wasser ... Der Blick ist
durch die große Kaffeemaschine verstellt. So sehe ich nicht wirklich hin. Ich lehne mich ganz weit nach hinten, um ja alles zu
sehen. Wie in einer Aufklärungsmission bewegt sich mein Kopf.
Komme mir vor wie das Periskop eines U-Boots. Links, rechts,
links, recht. Auch so hohl kommt mir mein Kopf vor.

Und dann ... Genau als ich ihn erblicke, dreht er seinen Kopf
schnell weg. Ich blicke auch kurz weg. Blitzschnell drehe ich meinen Kopf zu ihm hin. Und wieder. Er fühlt sich ertappt und dreht
sich schnell weg.

Der ist es, der Cheflächler. Jetzt weiß ich's. Der hat da alles ange-
zettelt. Was tun? Zu ihm hingehen? Scheint keine gute Idee zu
sein. Bei der Übermacht an verbündeten Lächlern. Ich muss ihn
noch mal sehen. Diesmal war er schneller. Hat seinen Kopf schon
weggedreht, bevor ich hinschauen kann. Die Kellnerin stellt die
Tasse auf meinen Tisch. Beim Umdrehen schaut sie wie zufällig zu
dem Mann hin. Jetzt weiß ich es sicher. »Da müsst ihr schon ein
wenig früher aufstehen, um mich zu linken. Hab ich erst mal den
Kopf der Bande ausgemacht, werde ich den Rest auch noch krie-
gen.«

Skeptisch schaue ich meine Tasse an. Wirklich nur Wasser und Kaffeepulver?

Als dies die ältere Dame neben mir bemerkt, fühle ich mich sofort schuldig. Denn sie lächelt mich an.
Wo ist das WC? Ich muss mir das Gesicht waschen. Und dabei den Rädelsführer genauer ansehen. Will schon aufstehen. Es geht nicht, was, wenn jemand von diesen Verrückten etwas heimlich in meine Tasse tut? Ich verkneif's mir. Plötzlich steht ein Mann vor mir. Ein fremder. Wie aus dem Nichts ... Jetzt passiert's, denke ich. Lächelt mich an. Spricht mich an. Von den Nebentischen schallt lautes Gelächter her, sodass ich den ersten Satz gar nicht verstehe.
Nun reicht's! Das wird mir zu unheimlich ... Da muss viel mehr im Spiel sein.
Ich springe auf. Verlasse das Lokal. Laufe. Vorbei an freundlichen Passanten, die in meinem Kopf ihre Gesichter zu richtigen Grimassen verziehen.
Das wird mir zu viel. Das gibt's ja alles nicht. Wo bin ich hier gelandet ...?
Überall nur freundliche und nette Menschen. Alle lächeln, lachen oder grinsen.

AAAAAAAAAAAAAAAAAHHHHHHHHHHHHH ... der Wecker ...!

Ich bleibe benommen liegen, kann mit dem Traum nichts anfangen. Denke nach. Was soll das? Bewegungsunfähig bleibe ich liegen. Drei bis vier Minuten. Oder waren es viel mehr?
Langsam gehe ich ins Bad und betrachte mein müdes Gesicht. Die Augen noch halb geschlossen. Alt schaue ich aus, fällt mir auf. An solchen Tagen sollte man wirklich im Bett liegen bleiben, denke ich.
Der Blick aus dem Fenster verrät mir: »Das Atlantiktief hält auch heute an. Regen, Nebel. Na ja, passt zu meiner Stimmung.«
Beim Verlassen der Wohnung höre ich gerade noch die Stimme der Nachbarin: »... Haustor endlich zu!«

11.1.1 Verkaufstechnik Nummer Eins

Humorvolle Werbung bringt mehr Umsatz. Werbejingles, die die Konsumenten zum Lachen bringen, wirken erfolgreicher. Den Behauptungen wird mehr Glauben geschenkt, und sie werden von den Konsumenten eher akzeptiert.[15]
Zu Versuchszwecken wurden zwei Geschäfte in unmittelbarer Nachbarschaft eröffnet. Beide Läden boten identische Produkte zu gleichen Konditionen an. Die Aufgabe des einen Verkäufers war es, möglichst wenig zu lachen und zu lächeln. Der andere Verkäufer wurde angehalten, sehr viel und freundlich zu lächeln.
Das Ergebnis war, dass nach einiger Anlaufzeit der zweite Verkäufer deutlich mehr und erfolgreicher verkaufte.

Übung
Bitte achten Sie beim nächsten Einkauf auf die Mimik der Verkäufer. Versuchen Sie möglichst viele »zu Gesicht« zu bekommen.
Im Anschluss setzen Sie bitte die jeweilige Anzahl ein:

____ waren deutlich unfreundlich.

____ waren neutral.

____ waren sehr freundlich, lächelten mich persönlich an.

Wenn Sie nun diese Zahlen vergleichen, werden Sie bemerken, dass die Verkaufstechnik Nummer eins meist zu wenig beachtet wird.

Die Chinesen wissen schon lange:

»Wenn du nicht lachen kannst, mach keinen Laden auf!«

Wie viel mehr Zuspruch und Freundlichkeit würden diese Verkäufer von ihren Kunden erhalten, wenn sie die Menschen mit einer ehrlichen Freundlichkeit und einem Lächeln empfangen würden?

11.1.2 Lachen und Lächeln

eine Universalie.
Das heißt: Überall auf der Welt wird ein Lächeln ähnlich empfunden.

- Lächelnde Menschen laden ein.
- Lächelnde Menschen sind harmlos.
- Lächelnde Menschen sind gefahrlos.
- Lächelnde Menschen sind sexy.
- Lächelnde Menschen stecken an.
- Lächelnde Menschen sind eher unterwürfig.

11.1.3 Lachen und Lernen

Durch Untersuchungen wurde belegt, dass Kinder in den ersten
Lebensjahren während eines Tages mehrere hundert Male lachen!
Sie finden noch nahezu alles zum Kugeln. Wir lachen gerne mit
ihnen und bringen sie durch alle möglichen Verrenkungen und Späße
weiter zum Lachen.
Mit zunehmendem Alter finden wir es immer alberner, wenn Menschen wegen jedem Blödsinn zu lachen beginnen.
Die Schule trägt auch ihr Scherflein bei, indem sie uns eintrichtert:

1. »Während des Unterrichts ist Lachen verboten«
2. Es sei denn der Lehrer macht einen Witz, dann ist es dringend erwünscht zu lachen. (Was meist in einem unehrlichen Lachen endet.)
… Am Ende sind wir erwachsen, und viele vertreten weiter den

Irrglauben:
»Die Ernstesten sind die Gescheitesten.«

Und so lachen erwachsene Menschen nur mehr zirka 15-mal am Tag.

Dabei wird folgendes Vergessen: Lachende Menschen lernen mehr
und leichter.
Mit Spaß zu lernen bringt unser Hirn auf Höchstleistung. Deswegen
leisten Menschen mit ihren Hobbys oft weit mehr als in der Schule
oder im Beruf.

11.1.4 Lachen ist heilsam

Es ist hinlänglich bekannt, dass beim Lachen ein wahrer Cocktail an Botenstoffen und Glückshormonen freigesetzt wird.
Nicht nur das. Die Psychiaterin Janice Kiecolt-Glaser und ihr Mann der Immunologe, Ronald Glaser, von der Ohio State University of Columbia, untersuchten 42 gesunde Paare zwischen 22 und 77 Jahren. Diese bekamen die Aufgabe, sich 20 Minuten lang positiv, fröhlich und einander bestärkend über ihre Beziehung zu unterhalten. Zwei Monate später sollten die Paare ebenso lange und heftig über ein strittiges Thema diskutieren.
Vor beiden Gesprächen wurden ihnen kleine Hautwunden zugefügt. Die Wundflüssigkeit und das Blut zeigten, dass die Wunden bei den fröhlichen Gesprächen um ein bis zwei Tage schneller heilten.

11.1.5 Lachen ist gesund

Lachen Sie sich gesund, das ist kein Witz!
Lachen ist eine natürliche Reaktion des Menschen auf komische oder erheiternde Situationen. Durch Lachen werden im Körper Spannungen gelöst, und das Herz-Kreislauf-System wird aktiviert.

- 20 Sekunden Lachen entspricht etwa der körperlichen Leistung von drei Minuten schnellem Rudern.
- Das Herzinfarktrisiko sinkt durch häufiges Lachen stark.
- Innerhalb der Gesichtsregion werden 17 und am ganzen Körper sogar 80 Muskeln betätigt.

11.1.6 Lachen steckt an

Kinder beginnen herzhaft zu lachen, wenn sie einen Lachsack hören, aus dem die verschiedensten Lachgeräusche kommen.
Sitcoms werden mit regelmäßigen Lachern versehen. Es steckt an.
Außerdem lachen wir in Gesellschaft noch lieber als allein.

Nutzen Sie das für den Verkauf.

Ein untrügliches Zeichen für eine tolle emotionale Basis ist ein gemeinsames Lachen mit Ihrem Kunden.
Mit fröhlichen, lachenden Menschen macht es sich einfacher Geschäfte.

Achtung
Keine Medaille ohne zwei Seiten.
Nicht das ständige, stupide Grinsen macht es aus.
Es gibt durchaus Situationen, bei denen eine ernste Miene vorteilhaft ist.

* Reklamationen
* Komplizierte Sachverhalte
* Fehler, die passiert sind
* Bad News

Wenn oben genannte Themen abgehandelt sind, ist es wiederum wichtig, ein angemessenes Lächeln an den Tag zu legen. Damit wird besiegelt: »Toll, dieses Problem haben wir aus der Welt geschafft.«

11.1.7 Wenn Ihnen mal nicht zum Lachen ist

… dann zwingen Sie sich dazu. Sie begeben sich in einen Teufelskreis, wenn Sie in missmutiger Stimmung genau das tun, was man dann eben so macht:

* Wenig Bewegung
* Wenig zu reden
* Wenig zu lachen

Sportler wissen es: Wenn man sich in einer solchen Stimmung aufgerafft und sich erst einmal bewegt hat, sieht die Welt gleich ganz anders aus. Bewegung stimuliert.
Beginnen Sie damit ein Lächeln zu erzwingen. Ziehen Sie Ihre Wangenmuskeln stark nach hinten und oben. Wenn Sie das ein bis zwei Minuten lang machen, wird Ihr Körper Botenstoffe aussenden, die ihm sagen: »Achtung, unserem Chef scheint es gut zu gehen. Also geben wir ihm ein paar Dosen Endorphine.«
Merklich wird sich Ihre Stimmung positiv verändern
(Vgl. Abschnitt 17.5).

Settimio

Castiglione del Lago. In diesem kleinen Städtchen über dem Lago Trasimeno findet man vieles, was italienische Städte so reizvoll macht. Als vormals schwer einnehmbare Festung gebaut, ist es immer noch mit dicken Stadtmauern umgeben. Die Altstadt lässt sich auch heute noch nur durch massive Tore begehen. Nette kleine Plätzchen, kopfsteinbepflastert, von Greißlerläden umringt.

Und es duftet. Nach Süden und Wärme. Würzige Käse, intensiv riechende Würste und eine Vielfalt an Kräutern. Überall. Auch laut ist es. Die Menschen sprechen, schimpfen und lachen so, dass man es auch hört und spürt.

Unmittelbar hinter dem südlichen Stadttor, gleich am Weg zum Hauptplatz, links, hat er seinen Laden. Einen Altwarenladen. Kupferkessel, Wagenräder, alte Strohstühle, die sie »Perugine« nennen. Der Laden ist direkt in die Stadtmauer gebaut. Dunkel. Wie ein Kellergang. So armselig, dass wir unseren Vermieter verklagen würden, wenn er sich erdreisten sollte, dies als Fahrradkeller zu bezeichnen. Unsere schönen Drahtesel.

So etwas besitzt Settimio nicht. Seine Hände wäscht er am 40 Meter entfernten Dorfbrunnen. Dort hat er auch das Wasser für seine Espressomaschine geholt. Das würden wir unserem teuren Kaffeevollautomaten wohl nicht antun. Eine Wasserleitung in seinen Laden zu leiten sei »troppo caro« – zu teuer –, meint er.

Settimio heißt »der Siebte«. Seinen Eltern ist nach so vielen Kindern wohl kein Name mehr eingefallen. Oder es ist auch nur sein »Spitzname«. Ohne Aufwärmphase kommen wir ins Plaudern. Und dabei grinst er. Immer. Auch wenn er nicht grinst. So viel hat er in seinem Leben gelacht, dass sich die Lachfalten tief in seinem Gesicht eingegraben haben. Der Mund ist immer zu einem freundlichen, ja beinahe lustigen Lächeln geformt. Immer. Auch wenn er nicht lacht. Was selten genug vorkommt.

Er ist noch kleiner als ich. Wer weiß, wie groß er wäre, wenn seine O-Beine gerade wären ...

Beide Kriege hat er erlebt. Und ist immer hier gewesen. In Castiglione. Er freut sich, dass ich ihn jeden Tag besuchen komme. Dabei weiß er nicht, dass ich es noch viel mehr genieße. Die Alten wissen so viel. Ich will die Zeit nutzen – solange sie noch da sind.

Einige Male sind wir Kaffeetrinken gegangen. Mit Mühe konnte ich ihn dazu bringen, die Kaffeerechnung wenigstens einmal zu begleichen. Obwohl ich nichts bei ihm gekauft hatte.

Über den festgestampften Erdboden führt er mich nach hinten in sein Geschäft. Alte Tische, Kästen, Türschilder, Fensterläden, Lampen, Porzellan.

Als er erfährt, dass ich in Wien lebe, bittet er mich ohne Umschweife einen Kasten für eine Wienerin mitzunehmen. Er hat ihn für sie restauriert.

Klar sage ich zu.

Und dabei überlege ich: Wenn das bei uns passiert wäre ... Wir hätten vielleicht ein Pfand verlangt. Eine Kreditkartennummer. Die Autonummer notiert und eine sicherheitspolizeiliche Anfrage gestellt.

Oder wären gar nicht auf die Idee gekommen.

Settimio schon. Für ihn würde ein gestohlener Kasten wohl den Ruin bedeuten.

Und doch hat er mich gefragt. Ich habe ihn gern transportiert.

Eines Tages, auf meiner zweiwöchigen Umbrienreise, komme ich zu ihm in den Laden. Er ist unruhig. Freut sich, mich zu sehen, und grinst. Wie immer.

Dann platzt es aus ihm heraus. Mit Mühe kann ich seinen Worten folgen.

Einen Kupferkessel haben sie ihm gestohlen. Diese ... Er war »cosi bello« – so schön.

Wird wohl eine Touristengruppe gewesen sein, die ohne lange nachzudenken das Ding mitgehen hat lassen.

Für ihn wird das ein, wir würden sagen, dramatischer Umsatzentgang gewesen sein.

Ein großer Verlust.

Er erzählt mir in wenigen Minuten sein Leid. Plötzlich stoppt er, grinst mich über das ganze Gesicht an und sagt. »Ah, beh. Andiamo per un caffè!« (Ach was, gehen wir auf einen Espresso). Den er bezahlt. Wie immer.

Heute, nach einigen Jahren bin ich immer noch beeindruckt. Ich weiß nicht, ob Settimio noch lebt. Er hat mir eine der wichtigsten Lehrstunden in Körpersprache gegeben. Schnell Dinge beiseite zu lassen, die unangenehm sind. Genau so, wie wir es auch mal gekonnt hatten, als wir Kinder waren.
Das Leben ist okay. Einfach so. Ohne polizeiliches Gutachten.
Diese Einstellung zeigt sich in Settimios Körpersprache. Unabhängig von seinen Alltagsproblemen.
Sie ist rundum positiv und einladend.

11.1.8 Der Feind des Lachens: »Ärgerstretching«

Lachen und vergessen. Wie Kinder. Sie verarbeiten auch so schnell. Der Schmerz, den Kinder erleben, dauert so lange, bis sie ein Eis bekommen oder etwas anderes Interessantes sehen.
Was würden wir in Settimios Situation machen?
Möglicherweise die Polizei sofort rufen. Freunden, Ehepartnern und Kollegen Bescheid geben, Beteiligten und Unbeteiligten davon erzählen. Und dabei das Ärgererlebnis immer wieder durchleben. Lange um das gestohlenen Gut trauern und bei jedem Gedanken daran in ein tiefes Loch stürzen.
Und wundern uns dann, wenn wir mit missmutigen Gesichtszügen durchs Leben laufen.

John Cleese, der uns so oft zum Lachen bringt, meinte:

In der Jugend ist gutes Aussehen Glückssache.
Ab 40 ist jeder selbst für sein Aussehen verantwortlich.

Damit meint er die Physiognomie. Jenen Teil der Mimik, der sich nicht ständig ändert. Die Falten und Gesichtszüge, die sich im Laufe des Lebens eingraben.
Vera. F. Birkenbihl nennt dies die »angewachsene Mimik«.
Diese gibt unweigerlich Auskunft, wie wir mit dem wichtigsten Menschen umgehen. Mit uns selbst. Ob wir uns selbst Fehler verzeihen können, uns selber anspornen, stolz auf uns sind und uns selbst okay finden.

Die Lachfalten graben sich immer tiefer ein. Rund um die Augen und um den Mund. So tief, dass wir immer fröhlich aussehen. Auch wenn wir ernst sind.

Daraus entsteht wiederum die Wechselwirkung mit unseren Mitmenschen, die uns auch offener und freundlicher entgegentreten, was wiederum uns selbst anspornt usw.

(Vgl. Kapitel 18)

11.1.9 Lächeln: Der »kleine Bruder« des Lachens?

Lange glaubte man, dass Lächeln und Lachen denselben Ursprung haben.
Also das Lachen sozusagen ein starkes Lächeln ist.

Bis man erkannte, dass Schimpansen zwei Gesichtszüge haben, die dem menschlichen Lachen und dem Lächeln entsprechen. (Im Gegensatz zum Beispiel zu Bären. Sie können nicht lachen, da ihnen dazu die nötigen Gesichtsmuskeln fehlen.)
Bei unseren tierischen Verwandten haben beide Mimiken jedoch eine gänzlich unterschiedliche Funktion.

• Beim *Lächeln* ziehen Schimpansen die Mundwinkel weit zurück und entblößen die Zähne.
Sie setzen diese Geste als Unterwürfigkeitssignal ein.
Wir Menschen kennen dieses Unterwürfigkeitslächeln, wenn eine Person in eine peinliche Situation geraten ist.
Dann werden die Mundwinkel zurückgezogen, Zähne werden gezeigt, und das Haupt wird gesenkt, sodass der Blick von unten uns an ein harmloses Kind erinnert.

• Beim *Lachen* zieht der Affe auch seine Mundwinkel zurück, entblößt die Zähne und stößt dabei rhythmische Laute aus. Es ist sozusagen sein Spielgesicht.

Ein *ehrliches* Lachen hat einen weiteren wichtigen Zusatz. Die Bewegung unserer Augenmuskel.

11.1.10 Ehrliches Lachen

Ein ehrliches Lachen ist an den Gesichtspartien zu erkennen. Hauptsächlich werden zwei Muskeln aktiv:

- Der Zygomaticus major, jener große Gesichtsmuskel, der unsere Wangen nach hinten zieht und die Zähne entblößt.
  Ihn können wir bewusst einsetzen.
- Der Orbicularis oculi: Der Augenringmuskel, der beim ehrlichen Lachen aktiv wird und die Augen nach hinten zieht. Er verursacht

die »Krähenfüße«. (Ha … haben wir den Schuldigen endlich – na
warte, dir werd ich's zeigen, her mit Botox …)
Dieser Muskel kann nicht bewusst gesteuert werden.

**Ehrliches Lachen erkennt man an den Augen –
und an den Spuren in den Augenwinkeln, die die Krähe hinterlässt!**

Übung

Betrachten Sie Bilder von lachenden Menschen. Nehmen Sie dazu ein weißes Blatt und überdecken Sie die Mundwinkel. Sie werden schnell erkennen, ob das Lachen ehrlich ist.
Lachen diese Menschen immer noch?

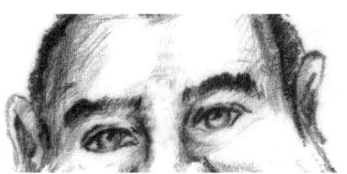 

11.1.11 Unter lacht mehr als Ober

Vladimir Putin lächelt äußerst selten. Er ist von kleiner Statur und versucht alles zu vermeiden, was ihn unterwürfig aussehen lassen könnte. Deswegen ist er nahezu immer mit ernstem Gesicht zu sehen.
High Noon – die beiden Kontrahenten stehen sich gegenüber. Wer zuerst lächelt, hat verloren. Clint Eastwood hat dieses Gesicht perfekt verkörpert.

Ein ernstes Gesicht ist ein Signal von Stärke und Macht.
Damit ist auch verständlich, warum viele Führungskräfte oft mit ernstem Gesicht anzutreffen sind.

In ernsten Situationen lacht die dominante Person sehr viel weniger als die untergebene. Wird die Situation entspannter und vielleicht sogar lustig, lacht die untergebene Person immer noch gleich viel.
Die dominante Person lacht jetzt auch – und zwar ehrlich.
Untergebene Personen lächeln somit öfter als übergeordnete Personen. Dieses häufige Lächeln ist jedoch oft ein reines Unterwürfigkeitssignal.

Frauen lächeln deutlich häufiger als Männer, wobei es vermessen wäre, dies darauf zurückzuführen, dass sie lange Zeit als das »schwache« Geschlecht galten und somit gewohnt waren, Unterwürfigkeit zu signalisieren. Schon bei Kleinkindern ist zu beobachten, dass Mädchen mehr lächeln als Jungen.

Auch wenn Frauen in führende Positionen gelangen, behalten sie es bei, viel zu Lächeln – mehr als Männer.
Bei Männern nimmt das Lächeln tendenziell ab, je weiter sie die Karriereleiter emporsteigen.

Ernste Mienen sind ein Machtsignal. Denn eine überlegene Person kann es sich aussuchen, wann sie lachen will und wann nicht. Eine unterlegene Person muss mit oftmaligem Lächeln um die Gunst »buhlen«.

Tipp
Lassen Sie sich nicht entmutigen, wenn der Geschäftsführer bei Ihrem Verkaufsgespräch nicht so viel lächelt, wie Sie es gern hätten.
… er darf nicht – sonst wird ihm sein Job streitig gemacht …
Lächeln Sie weiter, denn es ist nicht Ihre Aufgabe, durch eine ernste Miene seine Machtposition herauszufordern. Ihr Job ist es, ein gutes Verkaufsgespräch mit positivem Abschluss zu machen!

11.1.12 Gemeinsam lachen

Gemeinsames Lachen gehört zu den wichtigsten Phasen in unserem Leben.
Wir tun es gern – je öfter, desto besser.
Denken Sie immer daran, dass es Ihren Kunden ähnlich geht.
Wie verzwickt die Situation auch sein mag, lösen Sie die Themen und gehen Sie mit einem gemeinsamen Lachen auseinander.

11.1.13 Verschiedene Arten des Lachens

Beidseitiges Lachen mit Mund und Augen
Bedeutet ein ehrliches Lachen.
Dabei werden beide Mundwinkel in etwa gleich stark nach hinten gezogen. Die Augen verengen sich und werden nach hinten gezogen.

Besonders reizvoll wird ein Lächeln empfunden, wenn der Mund leicht geöffnet ist und dabei die Spitzen der Zähne gezeigt werden. Das Weiß der Zähne lässt ein Gesicht noch offener und einladender wirken.
Darauf wird bei Werbeaufnahmen Wert gelegt und im Bedarfsfall auch nachretouchiert.

Einseitiges Lachen
Dabei wird nur ein Mundwinkel nach hinten gezogen.
Ein Zeichen für Zynismus.

Lächeln mit streng geschlossenen Lippen
Meist verbirgt sich dahinter etwas Verborgenes.
Ein Kollege zum anderen: »Ich bin stolz auf deine Leistungen.«
Gefolgt von einem schmallippigen Lächeln.
(»Eigentlich wollte ICH die Auszeichnung haben, und es fällt mir sehr schwer, dir zu gratulieren, du Hund!«)

Lachen mit hängendem Unterkiefer
Dieses Lachen ist dazu da, um anderen zu signalisieren:
»Jetzt bitte mit mir gemeinsam lachen.« Bill Cosby macht dies sehr oft in seiner Show.

11.2 Stirn

An der Faltenbildung der Stirn können wir einiges ablesen:

- Konzentration
- Ärger
- Skepsis
- Überraschung
- Angst
- Verwunderung
- …

Waagerechte Stirnfalten

Erhöht ein Mensch seine grundsätzliche Konzentration und ist er besonders aufmerksam, bildet er *waagerechte* Stirnfalten.

Wenn Ihr Kunde Ihren Worten lauscht und sich bemüht, Ihnen zu folgen, können Sie diese Falten sehen.[16]

Übung

Bitten Sie einen Kollegen, mit Ihnen gemeinsam ein Tondokument anzuhören, welches von minderer Qualität ist. Beobachten Sie dabei, wie er waagerechte Stirnfalten bildet, solange er mit großer Aufmerksamkeit einigermaßen den Worten folgen kann.

Sobald ein Wort fällt, welches er nicht versteht, zieht er die Augenbrauen zusammen und bildet *senkrechte* Falten.

Senkrechte Stirnfalten

Sobald sich ein Mensch auf etwas Bestimmtes konzentriert, bildet er *senkrechte* Stirnfalten.

Beispiel

Wenn Sie während Ihrer Präsentation waagerechte Stirnfalten erkennen, kann das ein Hinweis dafür sein, dass Ihr Kunde Ihnen Aufmerksamkeit schenkt.

Senkrechte Falten könnten darauf hindeuten, dass Ihr Kunde mit einem Wort oder Argument innerlich »kämpft«.

Besonders wenn dazu der Blickkontakt unterbrochen wird, sollten Sie mit Ihrem Redefluss stoppen. Geben Sie dem Kunden Zeit, seine Gedanken zu Ende zu denken. Stellen Sie eine offene Frage (»Was denken Sie darüber?«, »Wie passt das zu Ihren Vorstellungen?«, …).

11.3 Augen

- Ich sehe es dir an den Augen an.
- Wenn Blicke töten könnten …
- Schlafzimmerblick
- Aufgeweckte Augen

Die Augen sind die Spiegel der Seele. Sagt man. Ist so!
In der traditionellen chinesischen Medizin werden Diagnosen auch
über die Pupillen erstellt.
Nicht nur seelische, sondern auch körperliche Zustände lassen sich
an unserem Sehorgan ablesen.
Auch im Verkauf können Sie viel von den Augen Ihrer Kunden ablesen.

Interesse
Vor allem an den Augen werden Sie erkennen, ob Sie Interesse
geweckt haben.
Wohin sieht Ihr Kunde? Schaut er Ihnen gebannt zu? Fast wie ein
kleines Kind, das einem Erzähler lauscht? So gebannt, dass er sogar
zu blinzeln vergisst? Und das auch noch mit leicht geöffnetem Mund
(»Ihm bleibt der Mund offen stehen«)?

Zweifel
Blickt er Sie von der Seite an? Ganz so, als wolle er sagen: »Na ja,
als so ganz voll nehme ich Ihnen das nicht ab«?

Misstrauisch
Hat er die Augen zu Schlitzen geformt, als wolle er sagen: »Irgendwo muss da ja der Hund begraben sein«?

Verwunderung
Reißt er Augen und Brauen auf – vor Verwunderung?

11.3.1 Blickkontakt

Wollen Sie Aufmerksamkeit erregen, suchen Sie Blickkontakt.
Blicken Sie direkt in die Augen Ihres Kunden.
Aber wie lange?

Übung für Freiwillige
Blicken Sie wahlweise einem Rottweiler, Pitbull oder einer Dogge
lange und mit starrem Blick unbewegt direkt in die Augen. Bewegen
Sie sich nun auf den Hund zu.

(Zusatzanweisung: Machen Sie dies nur, wenn ein dickes Eisengitter zwischen Ihnen und dem Hund ist.)
Der Hund wird dies wahrscheinlich als Drohgebärde auffassen.

Übung für alle
Probieren Sie den gleichen starren Blick direkt in die Augen nun bei einem Kollegen. Und bitten Sie den Kollegen, es bei Ihnen zu versuchen.
Sie werden ein äußerst unangenehmes Gefühl verspüren. Bemerken Sie, wie sich Ihr Körper verspannt. Diese Drohgebärde ist ein uraltes Phänomen. Unser bewusster Verstand weiß zwar, dass unser Kollege keinerlei Bedrohung darstellt. Viel stärker als unser Bewusstsein reagiert aber unser Unterbewusstsein mit Flucht oder Kampfimpuls.

Der Grund dafür ist, dass ein optimaler »sympathischer« Bickkontakt nicht starr ist! Vielmehr wandert er zwischen den Augen hin und her. Beobachten Sie dies, wenn zwei Menschen miteinander sprechen!

Beim Blickkontakt ist es wichtig, dem Kunden nicht zu lange starr in die Augen zu blicken.
Als Faustregel gilt: Einen Gedanken lang!

Blickkontakt als Machtspiel
Sie kennen dies: Wer den Blickkontakt als Erstes unterbricht, hat verloren.
Ähnlich wie bei Tieren beginnt eine Auseinandersetzung um die Vorherrschaft im Rudel damit, dass die beiden Leitwölfe sich starr in die Augen blicken. Nun gibt es zwei Möglichleiten: Entweder es beginnt einer der beiden einen Angriff, oder einer von beiden senkt seinen Blick.
Mit Letzterem gesteht er seine Niederlage ein.

11.3.2 Große Augen machen

Ähnlich wie bei Katzen verengen und weiten sich unsere Pupillen je nach Lichteinfall. Wenn wir Menschen etwas oder jemanden attraktiv finden, zum Beispiel einen Mann oder eine Frau, so zeigen wir dies unter anderem damit, dass sich unsere Pupillen weiten.

Die Werbeindustrie ist sich dessen bewusst. Neben vielen anderen Korrekturen werden oft die Pupillen in der Nachbearbeitung eines Fotos geweitet. Wir Menschen fühlen uns dadurch angezogen. Erinnern Sie sich an die unwiderstehlichen Disneyfiguren. Sie haben eines gemeinsam: riesengroße Pupillen.

11.3.3 Goofy

Wenige Wochen vor seinem Tod gab Sir Peter Ustinov ein Fernsehinterview. Der einstmals beleibte Mann war schon sichtlich abgemagert. Bewegungen fielen ihm schwer. So saß er recht starr im Rollstuhl, während er sprach.

Nur eines bewegte er stark. Seine Augenbrauen. Und wie. Hoch hinauf, tief hinunter. Immer in Bewegung. Damit wirkte er lebendig wie eh und je, strahlte Begeisterung und Elan aus.

Man nennt das **Goofy**. (Die Disneyfigur mit seinen Schlappohren hat Augen so groß wie Teller. Seine Augenbrauen sind hoch oben am Kopf und manchmal sogar über dem Kopf hinausragend.)

Tipp
Machen Sie es wie Sir Peter Ustinov. Strahlen Sie Begeisterung und Lebensfreude mit Ihren Augenbrauen aus.

Hervorheben

Unterstreichen Sie Wichtiges, indem Sie bei wichtigen Worten die Augenbrauen heben und eine kurze Pause einlegen. Umgekehrt haben Sie damit auch die Möglichkeit, Nachteiliges in den Hintergrund treten zu lassen.

Beispiel
»Erstens genießen Sie bei uns einen 24-Stunden-Service, zum Zweiten haben Sie mit diesem Produkt eine um zehn Prozent höhere Produktivität und ... drittens ... (Pause + Goofy + Blickkontakt) ..., das Allerwichtigste ... (Pause + Goofy + Blickkontakt) ..., damit werden Sie der Einzige am Markt sein!«

11.3.4 Blickrichtung

Es gibt Menschen, die sind so damit beschäftigt, ein Haar in der Suppe zu finden. Wenn sie keines finden, schütteln sie darüber so lange den Kopf, bis eines hineinfällt.

Beim Gehen machen sie dasselbe. Der Blick immer nur kurz vor die Füße gerichtet. Damit sie alles, über das sie möglicherweise stolpern könnten, gut sehen.

Man richtet den Blick nach **unten** und kurz vor die Füße, wenn man stark mit sich selbst beschäftigt ist und in sich gekehrt ist.
Dies lässt nicht gerade auf großen Weitblick schließen.

Andere wiederum haben ihren Blick weit nach vorne gerichtet. Suchen den Ausblick. Haben klare Ziele vor Augen. Sie sind so mit dem Wunderbaren der Welt beschäftigt, dass sie sich von etwaigen Kleinigkeiten vor sich, gar nicht von der Zielverfolgung, abbringen lassen.

Tipp
Richten Sie Ihren Blick nach vorne und mit Blickrichtung **über** der Horizontalen. Damit vermitteln Sie

- Weitblick,
- Vorausschau und
- Zielbewusstsein.

Übung
Wissen Sie eigentlich, wie Sie jetzt gerade dreinschauen?
Nehmen Sie sich ein paar Minuten Zeit und fühlen Sie in Ihre Mimik
hinein.

Nun schauen Sie in einen Spiegel. Nehmen Sie wahr, wie Sie tatsächlich ausschauen.
Die meisten von uns haben ein unklares »Bild« von ihrer Mimik. Wir
können zwar lachen, wenn wir lachen wollen, die Augen aufreißen,
wenn wir dies tun wollen. Wenn es darum geht, die Mimik möglichst
präzise zu »manipulieren«, stoßen wir meist an unsere Grenzen. Ver-
glichen mit der Genauigkeit, mit der wir unsere Hand bewegen können, ist unsere Mimik relativ »unkontrolliert«.
Wann immer Sie die Möglichkeit haben, lassen Sie sich mit einer
Videokamera oder einem Fotoapparat aufnehmen.
Ist Ihre Mimik wirklich so, wie Sie sie in Ihrer Vorstellung »sehen«?
Je besser Ihre Propriozeption *(vgl. Einleitung)* ist, desto bewusster
können Sie Ihr Gesicht kontrollieren. Damit können Sie Ihre Mimik
noch gezielter als Kommunikationsmittel einsetzen.

12. Körper

Ebenso vielfältig wie die Gestik setzen wir unseren restlichen Körper in der Kommunikation ein.

12.1 Kopfbewegungen

12.1.1 Nicken

Eine der wichtigsten Gesten im Alltag sind Kopfgesten.
Vor allem das Nicken. Nahezu überall auf der Welt wird Kopfnicken als ein Zustimmungssignal erkannt.
(Nicht zu verwechseln mit der schnellen Bewegung des Kopfes nach oben in östlichen und südlichen Ländern. Dies bedeutet »Nein« oder Ablehnung.)

Das Nicken passiert oft unbewusst. Lange bevor ein Kunde »Ja« sagt, ist oft schon ein leichtes Nicken feststellbar. Ein sehr leichtes. Nur mit einiger Übung werden Sie diese kleine Auf-und Ab-Bewegung erkennen.
Dies ist ein äußeres Zeichen dafür, dass innere Blockaden abgebaut sind. Menschen sind in diesem Stadium besonders empfänglich. Sie können sie nun leichter zum Lachen bringen, komplizierte Sachverhalte werden bereitwilliger aufgenommen, und es wird Ihnen leicht fallen, ein Verkaufsgespräch positiv abzuschließen.

Wenn Sie vor mehreren Menschen sprechen, können Sie an einer allgemeinen Auf-und-ab-Tendenz der Köpfe erkennen, wie gut Sie beim Publikum ankommen.
Dieses leichte Schwingen wird besonders dann deutlich, wenn Sie (absichtlich) einen Widerspruch einbauen und die Köpfe plötzlich still stehen.

Sobald Sie ein Nicken wahrnehmen, haben Sie einen Teil Ihrer Überzeugungsarbeit erfolgreich absolviert. Stimmen Sie Ihre Strategie dementsprechend ab.

Profitipp:
MetallicaRammsteinIronMaidenSepultura
IncubusGreenDaySoulflyApokalypticaTool

Erfolgreiche Verkaufsgespräche, Vorträge und Small-talks erkennt man am exzessiven Headbanging«.

Je besser Sie die Bedürfnisse Ihrer Kunden treffen und ihre Nutzen ansprechen, desto mehr Zuhörer werden zu nicken beginnen. Manche nicken spontan bei gewissen Aussagen, andere beginnen fortwährend leicht zu nicken.

Bei **sensibler** Wahrnehmung werden Sie erkennen, dass sich die Köpfe im Raum tendenziell nach oben und unten bewegen.

Ganz so als stünde man in einem Konzert von Metallica. Ganz vorn. In der ersten Reihe. Dort, wo alle überaus einverstanden sind mit dem, was die Band darbietet. Sie bezeugen dies mit exzessivem Kopfnicken (»Headbanging«) vor der Bühne.

Geben Sie nicht auf, wenn Sie es nicht sofort beim ersten Mal bemerken. Es braucht Übung und viel Wahrnehmungsgenauigkeit, diese Art von Zustimmung zu erkennen.

Es wird Ihnen viel Selbstvertrauen geben, wenn Sie beginnen, es zu erkennen und zu spüren.

Der nächste Schritt

Sobald Sie diese stille Zustimmung erkannt haben, beginnen Sie dieses Nicken bewusst zu induzieren.

Fangen Sie mit ganz leichtem Nicken an und beobachten Sie, wie immer mehr Menschen Ihnen dies nachmachen werden.

Damit können Sie genau die Gefühle fördern, die Sie bei Ihren Kunden hervorrufen möchten:

- Abbau von Blockaden
- Offenheit
- Bereitschaft zur Zustimmung

12.1.2 Kopfschütteln

Wenn Babys genug getrunken haben, können sie noch nicht sagen: »Okay, das reicht.« Sie müssen sich auf ihre eingeschränkten Ausdrucksmöglichkeiten verlassen.

Deswegen drehen sie den Kopf von der Brust der Mutter seitlich weg. Einmal links und einmal rechts.

Von da ist der Weg ein kurzer zu unserem Kopfschütteln, wenn wir »Nein« meinen.

Oft sind wir verleitet zu denken, dass wir heute viel geschickter und unendlich reifer geworden sind. Einfach höher entwickelt als diese kleinen Dinger in den Kinderwägen …

… und trotzdem drehen wir den Kopf immer noch blitzartig seitlich weg und verziehen den Mund, wenn es uns vor einem Getränk stark ekelt.

Sie sehen, es hat sich meist nicht viel geändert vom Babyalter bis heute.

»Nein« ist nahezu immer ein Hindernis am Weg zum Verkaufsabschluss. Deswegen sollten Sie besonders darauf achten, selber dieses Signal so wenig wie möglich, auszusenden. Wie beim Nicken ist es nämlich auch hier möglich dieses Schütteln bei den Zuhörern auszulösen. Dies würde Ihre Zuhörer möglicherweise in negative Gefühle führen. Tun Sie das nur, wenn Sie solche Gefühle auch wirklich brauchen können.

Verkaufsgespräch
(Leichtes Kopfnicken während folgender Aussage)
»Wie Sie sehen ist die Bedienung sehr einfach.
Die Abläufe sind klar strukturiert, und alle Ihre Mitarbeiter können damit in derselben Zeit mehr Arbeitsschritte erledigen.«

(Leichtes Kopfschütteln während des folgenden Satzes)
»Natürlich hat auch der Mitbewerb ein interessantes Produkt, welches vom einen oder anderen Kunden positiv beurteilt wird.«

(Leichtes Kopfnicken während folgender Aussage)
»Mit der für Sie maßgeschneiderten Lösung werden Sie für sich am meisten Einsparungsmöglichkeiten realisieren können.«

12.2 Vom Gehen

Sie sitzen in Ihrem Büro und arbeiten gerade an einem Angebot. In dem Moment hören Sie, wie jemand an Ihrem Büro vorbeigeht. Ein leichter, beinahe vorsichtiger Gang. Kleine Schritte, ruhiger Klang. Aus reiner Neugier gehen Sie zur Tür und sehen die Reinigungskraft um die Ecke verschwinden.

Wenige Minuten später hören Sie, nein, Sie spüren einen gänzlichen anderen Gang vor Ihrer Tür.

Deutlich lauter, klar hörbares Aufsetzen der Absätze und größere Schritte. Ganz so, als ob sich diese Person in »ihrem« Territorium fühlen würde, der »Platzhirsch« sozusagen.

Wieder schauen Sie nach ... der Chef.

Wir alle können nur durch die verschiedenen Gehweisen Personen erkennen. (Sie wissen, ob es Ihre Frau ist, die vor der Umkleidekabine im Kaufhaus geht? Sie erkennen Ihre Kinder am Schritt, wissen, wer in der Wohnung über Ihnen zu Hause ist?

Sie werden aufmerksam, wenn Sie eine fremde Person vorbeigehen hören?)

Mehr noch. Auch deren Gefühle können wir erkennen. Macht jemand vor Freude Luftsprünge, ist jemand schlaff, oder tänzelt er durch den Tag.

Ebenso wie mit dem Rest unseres Körpers spiegeln sich unsere Gefühle in unserer Gehweise wider.

Das Interessante dabei ist, dass wir dabei unseren aktuellen »Status« auch durch geschlossene Türen, auf größere Entfernung und in der Dunkelheit vermitteln können.

Der Gang ist das körpersprachliche Signal mit der größten Fernwirkung!

Wenn Arnold Schwarzenegger bei einer Wahlveranstaltung seiner Partei, bei einem Heimspiel sozusagen, die Bühne betritt, kann man auch aus großer Entfernung sein Selbst- und Machtbewusstsein erkennen.

Große Schritte, zügiger Gang, hörbares Aufsetzen der Fersen, erkennbares Auf-und-ab-Wippen beim Gehen.

Ganz klar: Dieser Mann fühlt sich sehr sicher. Er weiß, dass er willkommen ist, und mehr noch: Dies hier ist sein Revier.

Mit seiner Art zu gehen signalisiert er uns Kraft, Selbstsicherheit, Kompetenz, Verlässlichkeit und Führungsqualität (»Ich kenne mich hier aus, also folgt mir nach!«).

12.2.1 Tempo

Der amerikanische Präsident Ronald Reagan (er war ursprünglich Schauspieler) hatte erkannt, wie wichtig die Art des Gehens an sich ist, welche Wirkung er damit erzielen konnte. Eines seiner Markenzeichen war es, sehr schnell und zügig zu gehen. Die Folge: Seine Begleiter mussten sich sputen, um mit ihm Schritt halten zu können.

Er lief auch die Gangways zum Flugzeug förmlich hinauf. Damit zeigte er seine Fitness, Sportlichkeit und Kraft.

Menschen, die wissen, wo sie hinwollen im Leben, gehen schneller und »zielbewusster«. Dies sind Eigenschaften, die wir an Führungspersönlichkeiten schätzen. Denn sie sollen uns durch schwierige Situationen hindurchführen. Wir wollen uns auf sie verlassen. Wir folgen ihnen lieber, denn wir interpretieren: »Der weiß, wo's langgeht, also gehen wir ihm mal hinterher.«

Gehen Sie zügig auf Ihr Ziel zu. Damit vermitteln Sie viel Selbstbewusstsein und Zielstrebigkeit. Ihre Kunden werden das schätzen.

12.2.2 Aufsetzen der Fersen

Wenn sich Menschen in bestimmten Situationen nicht wohl fühlen, versuchen sie tunlichst, alles zu vermeiden, was sie bemerkbar machen könnte: zum Beispiel Lärm.
Vielleicht können Sie sich erinnern, als Sie die Wohnung betreten haben mit einer schlechten Schulnote im Ranzen … oder als Sie ein schlechtes Gewissen hatten, weil Sie etwas angestellt haben …
Möglicherweise sehr leise, ruhig, um ja kein allzu großes Aufsehen zu erregen. Als ob Sie damit der Schelte entgehen hätten können.
Umgekehrt: Wie gern haben Sie sich bemerkbar gemacht, wenn Sie gut abgeschnitten hatten? Laut, selbstsicher, schneller. »Da, schaut her, ich habe etwas geleistet. Ich möchte dafür beachtet werden. Wenn ihr wissen wollt, wie man erfolgreich werden kann: Folgt mir einfach nach!«

Zwei Arten des Aufsetzens der Ferse
- Flaches Aufsetzen der Fußsohlen. Wie beim Waten in unbekanntem Wasser oder auf einem Schotterweg, auf dem wir uns verletzen könnten.
  Damit wirkt ein Mensch unsicher und lässt uns auf dessen Inkompetenz schließen.
- Klares, hörbares Aufsetzen der Fersen und Hinrollen zum Ballen.

Dieser Mensch fühlt sich sicher, hat nichts zu verbergen und keine Angst vor Verletzungen. Auch Führungsqualitäten und Kompetenz können damit verbunden werden.

> *Das deutliche Aufsetzen der Fersen und Abrollen zum Ballen hin wird von all den Militärs dieser Welt bis zum Exzess betrieben. Diese weit nach vorne fallenden Beine scheinen nichts aufhalten zu können. Sie wirken zielstrebig. Vor allem beim russischen Stechschritt wirkt diese Art des Marschierens so, als ob sie alles aus dem Weg räumen würden, was sich ihnen in den Weg zu stellen wagt.*

Machen Sie sich bemerkbar, indem Sie klar hörbar Ihre Fersen aufsetzen. Damit vermitteln Sie Sicherheit.

12.2.3 Schrittgröße

Bei manchen Menschen kann von der Schrittgröße auf Charaktereigenschaften geschlossen werden.

- Kleine Schritte lassen auf Detailinteresse und schrittweises Vorgehen schließen. Einzelheiten sind wichtig, und auch das Kleingedruckte muss besprochen werden.
- Große Schritte lassen auf Überblicksmenschen schließen. Nur nicht zu lange mit Kleinigkeiten aufhalten. Für Details interessieren sich andere. Ihm geht es um das Erfüllen einer Vision und das Erreichen eines Ziels.

Achten Sie im Verkaufsgespräch auf Zielstrebigkeit. Ihr Kunde möchte sich auf Sie verlassen können und geht davon aus, dass Sie kompetent sind. Signalisieren Sie dies mit größeren Schritten, ohne Ihrem Gesprächspartner dabei davonzulaufen.

12.2.4 Raum einnehmend

Wie geht Arnold Schwarzenegger über die große Freitreppe im Capitol? Wie betritt er die Gangway am Flughafen, wie betritt er eine Bühne? Ganz am Rand entlangschleichend, sodass er möglichst unauffällig bleibt?

Nein, er geht genau dort, wo er den größten Raum einnimmt. In der Mitte. Ganz so, als ob es für ihn selbstverständlich wäre, ins Capitol zu gehen, also ob er sich sicher wäre, dass diese Bühne nur für ihn hier gebaut wurde.

Wir folgern daraus: Das ist eine Führungsperson, der wir folgen können.

Schleichen Sie nicht unauffällig am Rande eines Raumes entlang. Gehen Sie selbstbewusst, am direkten Weg, auf Ihre Kunden zu.

12.2.5 Schwingen der Arme

Wieder ein Beispiel, wie wir am Gang Energie und Elan zeigen können.

Beim Gehen schwingen unsere Arme in der Sagittalebene (parallel zu der Ebene, in der sich der Körper durch den Raum bewegt). Wie weit die Arme beim Gehen nach vorne und hinten schwingen, gibt Aufschluss über die Energie des Menschen. Jüngere und kräftigere Menschen schwingen beim Gehen ihre Arme weiter.

Ronald Reagan, der ehemalige Schauspieler, wusste um die Kraft solcher Signale. Geschickt kombinierte er zwei Signale. Zum einen schwang er seine Arme sehr weit nach vorne, was den Eindruck erweckte, hier geht ein vor Elan und Jugendlichkeit strotzender Mann. Außerdem hatte er seine Hände beim Gehen stark einwärts gedreht, was seine Kraft und seinen Willen zum Anpacken unterstrich.[17] (Sie kennen diese einwärts gedrehten Hände von Menschenaffen, Revolverhelden und Bodybuildern.)

12.2.6 Arme eng am Oberkörper

Wie würden Sie in einem schlecht beleuchteten Keller gehen?
Um sich nicht zu verletzen, werden Sie möglicherweise weniger Pendelbewegungen mit den Armen machen. Und die Arme eng an den Seiten halten. Dies gibt Ihnen Schutz und Sicherheit.

Beim Gehen vermittelt diese Armposition den Eindruck von Vorsicht und Unsicherheit.

12.2.7 Rotation

Achten Sie beim Gehen auf eine Rotation zwischen Ihrem Unterkörper und Ihren Schultern. Als Angelpunkt dient die Hüfte, wobei die jeweils gegenüberliegenden Seiten des Ober- und Unterkörpers sich beim Gehen leicht verdrehen.
Dieser Schwung wird Ihrem Gang Dynamik und Jugendlichkeit verleihen.

1. Exkurs:

Einige Wissenschaftler gehen davon aus, dass ein Zusammenhang zwischen dieser Rotation und der Fähigkeit zu sprechen besteht.
Ein wichtiger Schritt in der Entwicklung des menschlichen Gehirns ist das Stadium vor dem aufrechten Gehen. Das Krabbeln.
Beim Krabbeln passiert bekanntlich Folgendes: Zuerst robbt das Kind mit der rechten Unterkörperhälfte nach vorne und lässt dann die linke Oberkörperseite folgen.
Nun wissen wir, dass die Körperhälften von den gegenüberliegenden Gehirnhälften gesteuert werden.
Also: Die rechte Gehirnhälfte steuert die linke Körperhälfte, die linke Gehirnhälfte steuert die rechte Körperhälfte.
Da folglich beim Krabbeln beide Gehirnhälften arbeiten müssen, werden in diesem Stadium der Entwicklung des Kindes die Gehirnhälften stark verknüpft – die Basis für eine gute Sprechfähigkeit.
Denn auch fürs Sprechen werden beide Gehirnhälften gebraucht.

Kinder stehen nach mehreren Monaten auf und beginnen zu gehen. Wer Kleinkinder bei den ersten Schritten beobachtet, wird feststellen, dass sie dies, im Gegensatz zum Krabbeln, »homolateral«(einseitig) tun.

Das heißt: Das linke Bein geht vor, und auch die linke Oberkörperhälfte schwingt vor. Diese Einseitigkeit wird relativ rasch durch unseren »Erwachsenengang« ersetzt. Nämlich: linkes Bein, rechter Oberkörper, rechtes Bein, linker Oberkörper.

Man tut Kleinkindern also nichts Gutes, wenn man sie zum frühen Aufstehen und Gehen animiert. Gerade während der Zeit des Krabbelns werden besonders viele Synapsen (Verknüpfungen im Hirn) gebildet. Diese sind für eine gute Sprachentwicklung von entscheidender Bedeutung.

Da es eine Wechselwirkung zwischen beidseitigen Bewegungen und der Sprechfähigkeit gibt, kann es eben – neben vielen anderen Ursachen – sein, dass Menschen mit Sprachstörungen eine eingeschränkte Rotation zwischen Ober- und Unterkörper haben. Und umgekehrt.

2. Exkurs:

Bei der Erforschung der zunehmenden Lese- und Rechtschreibschwäche bei Grundschulkindern ist man zu folgender Vermutung gelangt:

Immer mehr Kinder wachsen in Ein-Elternteil-Haushalten auf. Und dabei zum überwiegenden Teil bei der Mutter.

Nun kennen Sie vielleicht das Spiel, bei dem Eltern ihre Kleinkinder in die Höhe werfen und wieder fangen oder sie auf das Bett fallen lassen. Das machen interessanterweise überall auf unserem Planeten vor allem die Väter. (Möglicherweise, weil sie mehr Kraft haben, um das Gewicht des Kindes mehrmals in die Höhe zu werfen.)

Dieses Spiel bringt die Kinder nicht nur zum Lachen, sondern fördert auch deren Koordinationsfähigkeit. Und wiederum zur Verknüpfung der rechten und linken Gehirnhälften. Die wiederum für eine optimale Sprechfähigkeit wichtig ist.

Mütter tun das seltener. Und so wird diese Möglichkeit der Verknüpfung der Gehirnhälften nicht mehr zur Gänze ausgeschöpft.

Übung
Setzen Sie sich an einen belebten Platz (Eingang eines Einkaufscenters, Stadtplatz ...).
Beobachten Sie die Menschen beim Gehen.
Wie schwingen sie die Arme?
Wie groß sind ihre Schritte?
Wohin ist ihr Blick gerichtet?
Wie stark wippen sie beim Gehen?
Wie setzen sie die Fersen auf?
Wie stark rotieren sie mit dem Oberkörper?
Was können Sie daraus interpretieren?

Übung
Stellen Sie sich in eine Ecke des Raumes.
Nun durchschreiten Sie diesen bis zur diagonal gegenüberliegenden Ecke.

Einmal ganz, ganz vorsichtig. Genau so wie damals, als Sie ertappt wurden ...
Leises Auftreten, kleine Schritte, an den Seiten des Raumes entlang, schleichend, wenig wippen beim Gehen und keine Rotation.

Welche Gefühle stellen sich bei Ihnen ein?

-

-

-

-

-

Ein zweites Mal:
Mitten durch den Raum, laut, große Bewegungen, deutliches Auf-und-ab-Wippen, Rotation und zügig.

Welche Gefühle stellen sich jetzt bei Ihnen ein?

*

*

*

*

*

Nun finden Sie den idealen Mittelweg.
Jenen Weg, der Ihnen die größte Kompetenz und Selbstsicherheit vermittelt.
Damit werden Sie auch optimal auf andere wirken.

Gehen kompakt

Elan, Selbstbewusstsein und Kompetenz vermitteln Sie

* mit größeren Schritten,
* mit deutlichem Aufsetzen der Fersen,
* mit schnellerem Gang,
* raumeinnehmend,
* mittels Rotation und
* über Schwingen mit den Armen.

12.3 Sitzen

Kennen Sie die Situation? Sie sitzen einem Kunden gegenüber und wissen nicht, wie Sie am besten Platz nehmen sollen, wie Sie die Beinen, stellen und wohin Sie sich lehnen sollen?
Wie Sie sitzen, kann einen entscheidenden Einfluss auf Ihr Verhältnis zum Kunden und damit zu Ihren Abschlusschancen haben.

12.3.1 Symmetrisch – asymmetrisch

Man unterscheidet zwischen symmetrischen und asymmetrischen Sitzhaltungen.

Wenn sich jemand auf eine Seite lehnt, ein Bein über das andere schlägt oder einen Arm auf die Lehne aufstützt, spricht man von **asymmetrischer** Sitzhaltung.

Wenn beide Körperhälften spiegelgleich sind, spricht man von **symmetrischer** Sitzhaltung.

Asymmetrische Sitzhaltungen wirken meist entspannter und lockerer als symmetrische. Durch diese Lockerheit wirken asymmetrische Haltungen dominanter und selbstbewusster.

In der symmetrischen Sitzhaltung wirken Sie begeisterter, und Sie vermitteln Respekt.

Tipp

Beim Gesprächsstart, im Smalltalk und bei der Bedarfserhebung ist es wichtig, ein entpanntes Klima zu schaffen. Geben Sie dem Kunden »Raum«, damit er sich öffnen und »ausbreiten« kann.

Lehnen Sie sich ein wenig zurück und nehmen Sie eine *asymmetrische* Sitzposition ein.

Später im Gespräch, bei Ihrer Präsentation, ist es wichtig, so kompetent wie möglich zu wirken. Richten Sie sich auf und rücken Sie ein wenig (!) vor.

Damit signalisieren Sie mehr Begeisterung und Zielstrebigkeit.

Bei den wichtigsten Punkten Ihrer Präsentation und beim Abschluss setzen Sie sich symmetrisch hin.

Achtung

Eine zu starke asymmetrische Sitzhaltung wird als »Lümmeln« empfunden.

Wenn Sie einen Arm auf eine Lehne aufstützen, ein Bein entspannt über das andere legen oder sich leicht zu einer Seite lehnen, erreichen Sie eine positive Wirkung.

12.3.2 Sitzen mit gestreckten Beinen

Dabei hat die Person beim Sitzen ihre Beine vor sich ausgestreckt. Diese im ersten Augenblick an Bequemlichkeit erinnernde Haltung ist eine starke Machtdemonstration.
Die Person gibt zu erkennen, dass sie deutlich mehr Raum beansprucht.
Mit den Armen hinter dem Kopf verschränkt und weit ausgestellten Ellbogen wird dieser Anspruch noch unterstützt.
Verdeutlicht wird der Machtanspruch noch, wenn dabei die Beine mehr oder weniger gespreizt werden.

Tipp
Diese Person wird möglicherweise kein Eindringen dulden.
Versuchen Sie nicht sofort durch die gleiche Körperhaltung Einigkeit zu erzielen. Ihr Gegenüber könnte dies als »Kampf« interpretieren. Geben Sie deshalb zu erkennen, dass Sie die Machtposition zur Kenntnis genommen haben. (Zum Beispiel mit einem Kompliment für die tollen Leistungen der Person oder Ähnlichem.)

12.3.3 Sitzen mit abgewinkelten Beinen

Dabei sind Ober- und Unterschenkel im rechten Winkel.
Beide Fußsohlen stehen flach am Boden.
Diese Sitzhaltung kann unter Umständen etwas »unentspannt« wirken. Es handelt sich dabei um eine symmetrische Position. In Kombination mit verschränkten Armen oder im Schoß versteckten Händen, nur die halbe Sitzfläche ausnützend und kerzengeradem Rücken wirkt es einigermaßen »verklemmt«.

Kombiniert mit offener Armhaltung, locker zurückgelehnt und auf der ganzen Fläche sitzend, strahlt diese Sitzhaltung Kompetenz und Sicherheit aus.

Tipp
In dieser Position werden von Menschen am häufigsten Entscheidungen getroffen!

12.3.4 Übereinandergeschlagene Beine

Der Großteil der Menschen schlägt dabei das linke über das rechte Bein. Interessant ist: Wenn sich Menschen mit ihrem Sitznachbarn unwohl fühlen, schlagen sie die Beine so übereinander, dass die Oberschenkelinnenseite des oben liegenden Beines von dieser Person wegzeigt. Umgekehrt zeigt die Innenseite zu der Person, die interessant erscheint.

Tipp
Üblicherweise entscheiden sich Menschen mit *streng* übereinandergeschlagenen Beinen nicht so leicht. Wenn Sie das bei Ihrem Kunden sehen, könnte es noch zu früh für die Abschlussfrage sein. Es könnte sogar sein, dass sich Ihr Gegenüber emotional aus dem Gespräch zurückgezogen hat.

Öffnen Sie die Haltung mit Fragen, geben Sie Ihrem Kunden etwas zum Angreifen (somit muss er seine Position ändern; sprechen Sie die Sache direkt an …).

12.3.5 Die »4«

Das eine Bein wird so über das andere Bein gelegt, dass das Fußgelenk auf dem Oberschenkel des anderen Beines zum Liegen kommt.

Dies ist eine Machtdemonstration. (»Ich lass niemanden in mein Territorium«). Sollten Sie diese Beinhaltung bei Ihrem Kunden sehen (möglicherweise hält er auch noch sein Bein mit beiden Händen fest), wird sich diese Person möglicherweise nicht für Sie entscheiden. Zu viel deutet auf Abwehr, Ausschließen und stures Beharren auf seiner Position. Ändern Sie Ihre Strategie, bauen Sie Ihre Bedarfserhebung aus und überlegen Sie, was zu dieser Haltung geführt haben könnte.

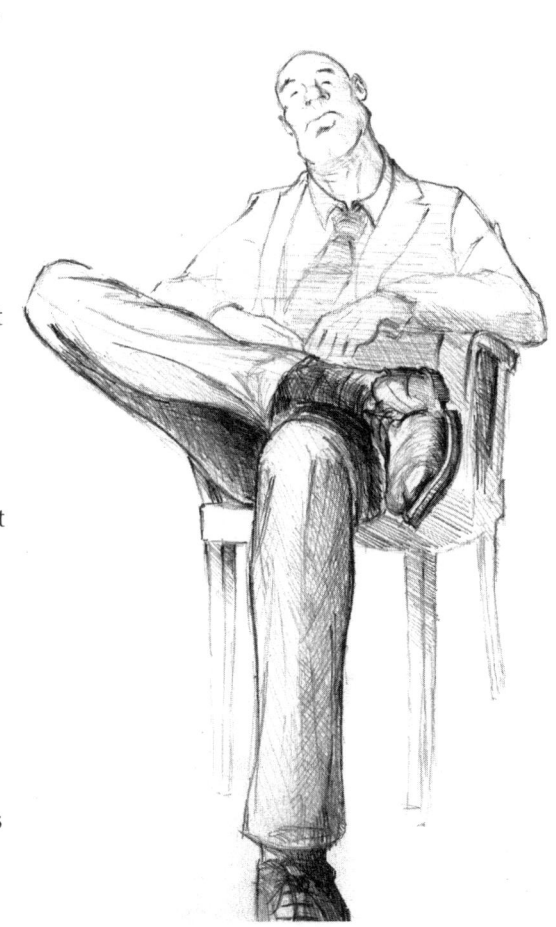

Außerdem ist diese Haltung ein stark phallisches Signal. Bei Frauen kommt es üblicherweise schlecht an. Vermeiden Sie diese Haltung in deren Gegenwart!

12.3.6 Der Amboss

Beide Beine stehen am Boden, wobei die Knie mehr oder weniger gespreizt sind.

Diese Sitzhaltung kann man nahezu überall auf der Welt, vornehmlich bei Männern, sehen. Beobachten Sie bei Ihrer nächsten Fahrt mit der Eisenbahn oder der U-Bahn, wie Frauen und Männer unterschiedlich dasitzen. Auch diese Haltung ist ein stark phallisches Signal.

Vielleicht versteht man nun, warum sich Frauen in Gegenwart mancher Männer unwohl fühlen …

Im Verkaufsgespräch sollten Sie diese Beinhaltung vermeiden.

12.3.7 Beine in den Stuhlbeinen verhakt

Das zeigt an, dass der Gesprächspartner nicht von seinem Standpunkt weichen möchte. Er hat sich in seine Sache verbissen und will von ihr nicht loslassen.
Oder er sucht Halt, da er möglicherweise Angst hat, von Ihnen »über den Tisch gezogen« zu werden.

12.3.8 Nach hinten überkreuzte Beine

Diese können andeuten, dass Ihr Gegenüber zum einen etwas zurückhält, andererseits kann das Überkreuzen der Beine seine defensive Haltung zum Ausdruck bringen.
Vielleicht hat er sich auch schon aus dem Gespräch zurückgezogen und zeigt das mit nach hinten unter die Sitzfläche gezogenen Beinen.

12.3.9 Ausrichtung der Beine

»Auf der Flucht«

Jürgen verkaufte in seiner Freizeit Zeitungsabos. Das Geschäft lief mehr schlecht als recht. Sein Angebot war schier unüberschaubar. Er versuchte unzählige Magazine, Zeitungen und Journale an den Haustüren zu verkaufen. Mittlerweile hatte er den Dreh ganz gut raus, von der Wohnungstür an den Tisch, gemeinsam mit seinem potenziellen Abonnenten, zu kommen.
Sobald er saß, begann er immer mit demselben Spiel. In der Hoffnung, das Interesse seiner Kunden zu treffen, präsentierte er wahllos alle seine Magazine. Egal, ob er mit einer Hausfrau und Mutter sprach, der Hobbyfotografin oder dem Technikfreak. Jürgen hoffte, mit der Attraktivität der Titelbilder und dem überreichen Angebot des Verlags punkten zu können.
All das machte er mit großer Verve. Trotzdem machte sich Frustration breit, da er nach kurzer Zeit das Gefühl hatte, dass die Leute die Sache gar nicht interessierte.

So stellte sich Jürgen eines Tages vor die Entscheidung: »Entweder ordentlich oder gar nicht.«

»Entweder beende ich diese Nebentätigkeit, oder ich investiere in Ausbildung und mache die Sache ordentlich.«

Nach einigem Hin und Her entschied sich Jürgen für Letzteres. Er engagierte ein kompetentes Verkaufstrainingsinstitut.

Zuallererst ging der Trainer mit Jürgen auf eine Verkaufstour.

Dieser war beeindruckt, wie Jürgen mit viel Charme und Humor von der Türschwelle bis an den Tisch der Kunden kam. Dann aber »knallte« er ohne jegliche Bedarfserhebung den Kunden einen dicken Stoß Zeitungen auf den Tisch und betete seine Litanei über die Inhalte herunter. Immer dieselbe Leier. Egal, wer vor ihm saß.

Während der nächsten Kundenbesuche erkannte der Coach Folgendes:

Die Kunden machten in den allermeisten Fällen gute Miene zum bösen Spiel. Viele waren freundlich und nickten auch interessiert zu Jürgens Worten. Bei genauerem Hinsehen sah er, dass dies nur die Oberfläche war. Von Minute zu Minute veränderte sich die Sitzhaltung der Zuhörer. Zuerst lehnten sie sich zurück. Dann verschränkten sie die Arme und bedeckten manchmal den Mund mit einer Hand. Auf das Überschlagen der Beine folgte eine leichte Seitwärtsbewegung. Und zwar immer in dieselbe Richtung.

Wohin haben Jürgens potenziellen Kunden die Beine gedreht?

Antwort: ....

Zunächst ein Gedankengang: Wenn sich Menschen in Gefahrensituationen befinden, suchen sie zuallererst den nächstmöglichen Fluchtweg. Sie schauen sich wie zufällig im Raum um und richten anschließend ihren Körper genau in Richtung Fluchtweg aus.

Genau das taten Jürgens Kunden. Sie drehten ihre Körper, und vor allem ihre Beine, in Richtung Tür. Unterbewusst wollten sie damit aus einer Situation fliehen, die ihnen unangenehm war.

Als der Coach Jürgens Aufmerksamkeit auf dieses Phänomen lenkte, wurde ihm einiges klarer.

Der Trainer empfahl Jürgen die Kunden mehr ins Gespräch zu involvieren um so deren Interesse und die wirklichen Überzeugungsmerkmale kennen zu lernen. Die geeignete Technik dafür sind offene Fragen. Also konzentrierten sich beide darauf und begannen Verkaufsgespräche zu üben.

Oft und oft spielten sie typische Kundensituationen durch, bis sich Jürgens Verhalten allmählich zu verändern begann.

Als Jürgen anfing, seinen Kunden mehr Fragen zu stellen, zeigten die sich deutlich interessierter.

Dieses Interesse erkannte Jürgen, daran, dass sich seine Gesprächspartner vorbeugten, die Hände vom Gesicht wegnahmen und ihm offener gegenübersaßen. Gleichzeitig versuchte er die Beine und Füße der Kunden zu sehen.

Wenn diese flach am Boden standen, der Kunde sich nach vorne beugte und den Blick offen auf Jürgen richtete, wusste er, dass er dem Abschluss schon ein wenig näher war.

Die Verkaufszahlen gingen nach oben, und Jürgen stellte fest, dass die Verkaufsgespräche kürzer dauerten als vorher. Da die Kunden durch die vielen Fragen ihre Vorlieben klar äußern konnten, musste er nicht mehr alle Magazine präsentieren. Meist reichten schon ein oder zwei Produkte, um den Geschmack der Interessenten zu treffen.

Liebe Leser, das Fluchtphänomen können Sie unter anderem beobachten,

- wenn sich eine Frau von einem Mann in der Bar bedrängt fühlt,
- wenn sich Menschen in einem Meeting unwohl fühlen,
- wenn Frauen oder Männer befürchten, sie könnten als Nächstes aufgefordert werden, sich vor die versammelte Verkaufsmannschaft zu stellen und die sinkenden Verkaufszahlen zu rechtfertigen,
- bei Kunden, die sich im Verkaufsgespräch unwohl fühlen,
- bei Kunden, die »weg« wollen.

Achten auf Details

Ein Coachingerlebnis von mir:

Andreas stand in herausfordernden Verhandlungen mit einem seiner größten Versicherungsklienten. Eine Großtischlerei mit über 100 000 Euro Versicherungsprämie pro Jahr.
Nun war es nach fünf Jahren passiert. Der Schaden betrug 87 000 Euro. Leider ging aus der Versicherungspolice eindeutig hervor, dass dieser Schaden nicht gedeckt war. Mehr noch, es handelte sich dabei um ein überhaupt nicht versicherbares Risiko.
Der Kunde war sehr verärgert. Er war der Meinung, dass die Versicherung generell unnütz war. Hätte er sich die Versicherungsprämie gespart und den Schaden aus der eigenen Tasche bezahlt, wäre er weit günstiger drangewesen als jetzt.
Andreas wiederum wusste, dass diese Art der Versicherung für eine Großtischlerei unheimlich wichtig ist, da viele andere Schadenfälle damit abgedeckt werden. Nur eben leider nicht dieser eine Fall.
Beide hatten schon wochenlang verhandelt gehabt. Als nun das finale Zusammentreffen stattfand, ging es um nichts weniger als die Verlängerung der Klientenbeziehung oder um deren Beendigung.
Andreas war entsprechend nervös. Er war sich auch sicher, dass er wiederum einige Schimpftiraden von seinem Klienten zu hören bekommen würde, da er eigentlich wenig anzubieten hatte.
Er wollte sich selbst schützen und keinerlei Möglichkeit für persönliche Angriffe geben.

So trafen sich die beiden im Büro von Andreas. Ich war als beobachtender Dritter dabei.
Beide saßen sich gegenüber und schienen einen überraschend freundlichen Eindruck zu machen. Die Stimmen beider wirkten sehr ruhig und entspannt.
Bei genauerem Hinsehen erkannte ich jedoch den Ernst der Lage und befürchtete, dass beide sich nur schwer von ihrem Standpunkt wegbewegen und aufeinander zugehen würden.

Was beobachtete ich?

- *Beide saßen sich gegenüber.*
- *Beide hatten sich nach vorne gebeugt.*
- *Beide hatten ihre Hände in verkrampfter Position:*
  Andreas hatte beide Hände als »Stacheldraht« geformt vor seinem Oberkörper gefaltet und die Finger stark Richtung »Gegner« gespreizt.
  Sein Klient hatte beide Hände zu Fäusten geformt auf dem Tisch.
- *Beide hatten ihre Füße in den Sesselbeinen verhakt.*

Die Situation wirkte bei genauem Hinsehen so angespannt, ja aggressiv, dass ich instinktiv das Bedürfnis hatte, alle waffenähnlichen Gegenstände in Sicherheit zu bringen.
Und tatsächlich. Auf eine Feststellung folgte ein Gegenargument, darauf wieder ein Argument – Gegenargument – Argument usw.

Zu guter Letzt fasste sich der Klient (!) ein Herz und schlug vor, das Ganze doch noch einmal zu vertagen und einen neuen Termin zu vereinbaren.

Die Zeit bis zum Folgetermin nutzten Andreas und ich, um die Situation für beide Seiten zu entschärfen.

Zuallererst schlug ich vor, dem Klienten mehrere Möglichkeiten zu geben, seinem Ärger Luft zu machen. Ich empfahl Andreas, »die Schuhe seines Klienten anzuziehen«. Ihm aufmerksam zuzuhören und sich in seine Situation reinzudenken.

Er erkannte, dass er in diesem Fall seinen Versicherungsrechtlern weit mehr Gehör geschenkt hatte als seinem Klienten. Er wusste mittlerweile mehr über die Rechtslage in solchen Fällen als darüber, welche Folgen es für die Großtischlerei und deren Kunden persönlich haben könnte.

All das tat er, um sich gegen Angriffe abzusichern und im Ernstfall das Recht auf seiner Seite zu haben.

Andreas erkannte aber auch, dass es eine Sache ist, »Recht zu behalten«, und eine andere, einen seiner größten Umsatzbringer zu verlieren.

Als ich ihn auf seine Körperhaltung aufmerksam machte, war er vollkommen überrascht. Die Sitzposition »gegenüber« erinnerte eher an ein Streitgespräch. Vor allem, wenn sich die Parteien vorbeugten, um ihre Angriffe auch wirklich anzubringen.

Die Arme vorm Oberkörper mit gespreizten Fingern erinnerten mehr an einen Stacheldrahtzaun als an eine Geste der Versöhnung. Die geballten Fäuste waren ihm nicht aufgefallen, wunderten ihn jedoch nicht mehr.

Die in die Sessel verhakten Beine brachten Andreas sogar zum Lachen. Diese Beinstellung ließ stark vermuten, dass beide Gesprächsteilnehmer Angst hatten, von ihrem Standpunkt weggezerrt zu werden.

Andreas ging zum nächsten Gespräch mit alldem neuen Wissen. Er wählte einen neutralen Ort, nämlich die Lobby eines zentral gelegenen Hotels.

Als Sitzposition wählte er eine ums Eck.

Gleich zu Beginn setzte er sich asymmetrisch hin und lehnte sich entspannt zurück, lächelte und begann Fragen zu stellen. Um ehrliches Interesse zu signalisieren, öffnete er seine Arme und Handflächen sichtbar. *Er achtete auf Blickkontakt und schrieb den einen oder anderen wichtigen Gedanken mit. Dabei achtete er darauf, dass die Schreibunterlagen für seinen Klienten sichtbar und einsehbar waren.*

Der Großteil des Gesprächs verlief so, dass der Klient erzählte und beschrieb, welchen Schock dieser Schadenfall ausgelöst hatte. Nun, nach einigen Monaten, waren die schlimmsten Sorgen vorüber, und zwei Großaufträge entspannten die Lage zusätzlich.

Die zu Beginn verkrampfte Position seines Klienten veränderte sich allmählich. Das Lächeln kam nach einigen Minuten. Nun lehnten sich beide entspannt zurück.

Nachdem immer mehr Barrieren – körpersprachliche und emotionale – abgebaut waren, verriet sein Klient, dass er sich gleich nach dem Schaden bei anderen Versicherern erkundigt hatte. Er wollte wissen, ob ihn Andreas schlecht beraten oder gar betrogen hatte. Alle erklärten, dass Andreas das Beste – aus damaliger Sicht – getan hatte und ein solcher Schaden tatsächlich nicht versicherbar sei. Er hatte also gar nie die Absicht zu kündigen.

Mit der Kulanzlösung, die Andreas anbieten konnte, waren beide zufrieden, und Andreas wurde vom Kunden auch noch an ein Speditionsunternehmen weiterempfohlen.

12.3.10 Vorlehnen

Dann und wann setze ich mich in ein Café und gebe mich ganz dem »Lernen« hin. Und zwar beobachte ich Leute. Zwiegespräche geben dabei besonders viel her. Die Situation ist weniger komplex als bei Gruppengesprächen. Somit kann man Ursache und Wirkung einfacher beschreiben.

Eine Begebenheit möchte ich Ihnen schildern.

Zwei Männer sitzen in der Bar eines Hotels im zwölften Bezirk in Wien. Beide reden heftig aufeinander ein. Da sie zu weit weg sitzen, kann ich die Worte nicht verstehen und bin somit nicht abgelenkt.

Nach einer Weile beginnt sich der Gesprächsanteil zu verschieben. Einer wird immer ruhiger, während der andere nahezu ohne Unterlass redet.

Der Ruhigere beginnt seine Körperhaltung in der bereits bekannten Form zu verschließen. Arme verschränkt, Körpermitte weg vom Gegenüber, Beine leicht verdreht – hin zum Ausgang. Und er beginnt sich zurückzulehnen.

Nun geschieht etwas Interessantes. Wider Erwarten lehnt sich der Vielredner nicht etwa auch zurück – nein. Wenige Augenblicke nachdem sich der eine zurücklehnt, lehnt sich die Plaudertasche vor. Mit jeder Vorwärtsbewegung des einen lehnt sich der andere weiter zurück. Ganz so, als ob er sich auch emotional immer weiter von seinem Gesprächspartner zurückziehen möchte und aus dem Schussfeld gehen wolle. Bis der eine buchstäblich mit dem halben Oberkörper die Tischfläche berührt und der andere schließlich aufsteht und geht.

Eindeutig erkennbar, dass hier Druck ausgeübt wurde. Leider hat er nicht erkannt, dass es wenig Sinn machte, den Druck immer weiter zu erhöhen. Erst als er alleine dasaß, wurde ihm das klar – möglicherweise.

Leider beobachte ich das immer wieder bei Verkaufsgesprächen.
Wenn Argumente beim Kunden nicht sofort ankommen, versuchen es manche Verkäufer mit ein wenig Nachdruck.
Dieses unterbewusste »Nachdrücken« zeigt sich im »Vorrücken«.
Dies hat unweigerlich zur Folge, dass sich der Kunde noch weiter wegbewegt. Nicht nur körpersprachlich!
Achten Sie darauf! Wenn sich Ihr Gesprächspartner zurücklehnt, tun Sie das auch.
Geben Sie ihm Raum und machen Sie keinen Druck.

Wenn er sich wieder vorlehnt, können Sie das auch tun. Achten Sie jedoch darauf, nicht in seinen Intimbereich zu geraten.
Wenn sich beide Gesprächpartner vorlehnen, kann das ein Zeichen für Einklang sein. Ein Zeichen für ähnliche Emotionen und »Annäherung«: Gehen Sie mit viel Gefühl vor, wenn Sie sich einer anderen Person annähern.
Dies ist oftmals entscheidender als die Eigenschaften Ihres Produkts! (Vgl. Kapitel 16).

12.3.11 Die »Bremse«

Es gibt eine Grundregel:
Je weiter ein Körperteil von unserem Hirn entfernt ist, desto weniger haben wir ihn unter Kontrolle.
Wenn immer möglich, versuche ich, in Verkaufs- und Verhandlungsgesprächen die Füße meines Partners im Augenwinkel zu haben. Wann immer ein Wort, eine Bemerkung oder ein Argument fällt, welches dem Kunden missfällt, zeigt sich das unter anderem am starken Anheben des Vorfußes. Eben der »Bremse«.

Übung
Setzen Sie sich bequem hin. Beine locker übereinanderschlagen. Nun ziehen Sie den Vorfuß des oben liegenden Beines zu sich. So stark Sie können:
Wie entspannt ist diese Haltung für Sie?

Wenn Sie bemerkt haben, wie unangenehm und anstrengend diese Haltung ist, werden Sie verstehen, warum ich so sehr darauf achte. Dies ist ein äußeres Zeichen der inneren Anspannung. Immer wenn ich das sehe, ändere ich meine Strategie. Ich stelle Fragen, ermögliche dem Kunden, seine Gedanken über das Thema darzustellen, gebe ihm die Möglichkeit, seine Bedenken zu äußern.
Auf alle Fälle weiß ich, dass ein Kunde mit dieser Fußhaltung nicht abschlussbereit ist.

Sitzen kompakt

Bei vielen Verkaufsgesprächen wird die meiste Zeit im Sitzen verbracht. Hier nun drei Tipps, wie Sie in entscheidenden Phasen des Gesprächs sitzen können.

Gesprächseinstieg (Smalltalk)
Schaffen Sie eine positive, entspannte Atmosphäre:

- Locker zurückgelehnt
- Eventuell ein Bein locker über das andere gelegt (Achtung: keine »4«!)

- Eventuell einen Arm auf die Armlehnen, wobei der Arm nach außen gedreht ist, sodass die Handinnenseite sichtbar ist

Bedarfserhebung
Signalisieren Sie Interesse:

- Etwas weiter nach vorne gebeugt
- Kopf gerade über den Schultern (Blickkontakt)
- Eventuell eine Hand am Kinn (Nachdenkhaltung)
- Asymmetrische Haltung
- Beide Hände sichtbar

Präsentation / Abschluss
Strahlen Sie Kompetenz und Sicherheit aus:

- Beide Beine abgewinkelt, Ober- und Unterschenkel im rechten Winkel
- Beide Fußsohlen flach am Boden
- Aufrechte Sitzhaltung
- Kopf über den Schultern
- Beide Hände sichtbar
- Ausnützen der gesamten Sitzfläche
- Ruhig sitzen

12.4 Stehen

Mit beiden Beinen fest im Leben stehen

Partnerübung
Bitten Sie Ihren Übungspartner, sich mit ganz eng geschlossenen Beinen neben Sie hinzustellen. Nun geben Sie ihm – ohne Vorwarnung – einen kräftigen Stoß mit der Hand auf seine Schulter.
Er wird das Gleichgewicht verlieren.

Nun bitten Sie Ihren Partner, sich wiederum neben Sie aufzustellen. Diesmal mit den Füßen schulterbreit.
Geben Sie ihm wiederum einen kräftigen Stoß.

Was ist passiert? Sie werden es nur sehr schwer schaffen, ihn aus dem Gleichgewicht zu bringen.

12.4.1 Füße geschlossen

Dies ist eine sehr formale Haltung. Bei Staatsempfängen oder formellen Begrüßungen sowie beim Militär ist sie häufig zu sehen.
Auch bei Gesprächsrunden, wo sich die einzelnen Teilnehmer nicht kennen, ist das zu beobachten.
So unnahbar, wie diese Haltung bei diesen Anlässen wirkt, so wirkt sie auch bei Verkaufsgesprächen.

Wie die Übung zeigt, ist wenig Standfestigkeit damit verbunden. Genau darauf sollten Sie jedoch im Verkaufsgespräch achten.
Sie wirken damit verschlossen und »instabil«.

Ihr Kunde mit diesem Stand wird von sich wenig preisgeben und Sie auch nicht in seine Gedankenwelt vorlassen.

12.4.2 Breitbeinig

Beide Beine breit, sieht man häufiger bei Männern als bei Frauen.
Besonders bei Jugendlichen sieht man, wie die jungen Männer mit weit geöffneten Beinen dastehen. Sie wollen sich nicht verdrängen lassen und zeigen sich untereinander solidarisch. Sie wollen zusammengehören. Damit geht ein stark phallisches Signal einher. Dies macht diesen Stand für viele Frauen so unangenehm.

Idealerweise stehen Sie mit hüftbreiten Beinen. Mit solcherart geöffneten Beinen strahlen Sie Sicherheit und Standfestigkeit aus. Auch wenn es einmal zu Schwierigkeiten kommen sollte, wirken Sie damit wie ein Fels in der Brandung.

Ein sehr breitbeiniger Stand beim Kunden lässt uns an Unbeweglichkeit und Machtdemonstration denken.

12.4.3 Gewicht auf einem Bein

Dies offenbart das Unbewusste. Wie beim Sitzen zeigt auch beim Stehen das unbelastete Bein in Richtung seiner Gedanken: der Ausgang, der Chef, die hübsche Frau, George Clooney ...

12.4.4 Mit gekreuzten Beinen

Achten Sie bei Ihrem nächsten Partybesuch auf die einzelnen Gesprächsgruppen. Sie werden schon aus einiger Entfernung erkennen können, wer zur Gruppe gehört und wer sich als »Fremdling« dazugesellt hat. Diese Personen stellen sich oft mit gekreuzten Beinen hin. Dazu kommt noch das Verschränken der Arme. Sie versuchen sich in dieser Fremde zu schützen.

Dieser Stand ist im Kundengespräch nicht sehr vorteilhaft. Hier kommt all die Zurückhaltung, Reserviertheit und Unsicherheit zum Vorschein.
Versuchen Sie Ihren Kunden aus einer solchen Haltung herauszuholen. Öffnen Sie ihn, indem Sie sich öffnen.
Den Beginn machen immer die Beine. Sowohl bei Ihnen als auch bei Ihrem Kunden.
Ein Drehen Ihrer Körpermitte aus der frontalen Position in einen leichten Winkel ermöglicht es dem Kunden, ein wenig Schutz abzubauen.
Versuchen Sie nun während des Gesprächs die Verschränkung der Arme zu lösen und die Innenseite der Unterarme und Hände zu zeigen. Ihr Gegenüber wird sich Ihnen anschließen.
Achtung: Sollten Sie zu forsch vorangehen, wird Ihr Kunde noch mehr verunsichert, und er zieht sich folglich noch mehr zurück.

12.4.5 Die »Bremse«

Jener bekannte Moderator, der im Fernsehen immer so locker wirkt. Ich wollte ihn unbedingt live erleben. Als Trainer, dachte ich, könnte ich viel von ihm lernen.
Der Veranstaltungsort war beeindruckend. Ein großer Kinosaal, bis auf den letzten Platz gefüllt. Bombastischer Sound und tolle Lichtshow.
Auf der Bühne, die so breit wie die Kinoleinwand war, stand von mir aus gesehen links vorne ein Stehpult. Auf dem Stehpult stand ein aufgeklappter Laptop. Ansonsten war die Bühne leer, und sie bot ausreichend Platz für eine dynamische Bühnenperformance.
Ich dachte, wenn er live nur annähernd so viel Energie wie im Fernsehen hat, wird er die Bühne voll ausnützen.
Falsch: Als er kam, der Star des Abends, war ich überrascht. Von Anfang bis zum Ende seines zweistündigen Vortrags stand der Moderator am Pult. Halb versteckt hinter dem Laptop hielt er beide Hände über weite Teile des Seminars an den Tisch geklammert. Nahezu über die gesamte Zeit war mal das linke und mal das rechte Bein auf der »Bremse«.
Ergebnis: Viele Zuseher empfanden den Moderator als »enttäuschend«, »nicht so wie im Fernsehen«, »wenig authentisch« ...

Diese Haltung sehen Sie bei Menschen, die offensichtlich unter Stress stehen, wenn sie vor Gruppen sprechen. Ein ausgestelltes Bein mit angezogener Fußspitze wird oft minutenlang beibehalten. Bitte versuchen Sie diese Haltung auch nur eine Minute einzunehmen. Sie werden sehen, wie stark die innere Anspannung sein muss, um eine solche Haltung freiwillig beizubehalten.

12.4.6 Hände im »aktiven« Bereich

Wenn Sie im Stehen sprechen, achten Sie auf Ihre Hände.
An den Seiten herunterhängende Hände wirken unbeteiligt und vermitteln wenig »Aktivität«.

Als Faustregel gilt:
Halten Sie Ihre Hände oberhalb der Gürtellinie und umfassen Sie Ihre Finger dabei entspannt.

12.4.7 Tänzeln

Manche Präsentatoren vermitteln den Eindruck, als würden sie während ihres Vortrags heimlich Salsamusik hören. Sie trippeln mal vor, mal zurück. Drehen sich hin und her und können nur wenige Augenblicke an einer Stelle verharren. Manchmal bin ich sogar ein wenig neidisch, dass ich die Musik nicht mithören kann …
Diese äußere Unruhe zeigt ihre innere Nervosität. Damit vermitteln sie wenig Sicherheit und Kompetenz.
Eine weitere Gefahr ist, dass dieses Tänzeln und Trippeln die Nervosität noch verstärkt.
Damit nicht genug: Sie überträgt sich auch aufs Publikum.

Tipp

Es ist völlig normal, dass man beim Sprechen vor einer Gruppe mehr oder weniger nervös ist.

Schritt 1

Akzeptieren Sie dies. Arbeiten Sie nicht dagegen – dies würde die Unruhe noch verstärken.

Schritt 2

Bevor Sie auftreten suchen Sie sich zwei bis drei Standorte, die Sie anpeilen können.
Zum Beispiel das Flipchart, die Projektionswand und die Nähe zum Publikum.

Schritt 3

In den ersten Minuten Ihrer Präsentation ist die Nervosität üblicherweise am größten. Um diese abzubauen, gehen Sie wie folgt vor:
Sprechen Sie ein wenig. Sobald Sie merken, dass Sie unruhig werden, machen Sie einen Augenblick Pause, die Sie dazu nützen, Ihren Standort zu wechseln. Und zwar an einen vorher festgelegten Ort. Sobald Sie dort angekommen sind, sprechen Sie weiter.

- Mit dem zielgerichteten Platzwechsel bauen Sie deutlich mehr nervöse »Energie« ab als mit unkontrolliertem Tänzeln.
- Mit dem bewussten Ansteuern eines neuen Standorts wirken Sie zielstrebiger.
- Mit sorgfältig ausgewählten Standorten können Sie Akzente setzen:
  - Allgemeine Grundlagen – an der Leinwand
  - Gemeinsam Erarbeitetes – am Flipchart
  - Persönliches – nahe beim Publikum

Stehen kompakt

Kompetenz und Sicherheit vermitteln Sie

- mit hüftbreitem und ruhigem Stand.
- Vermeiden Sie dabei Bremse und Barrieren.
- Der Standortwechsel muss bewusst gewählt werden.

13. Spiegeln

… wie auf Kommando stehen Tausende Menschen im Stadion auf und formen eine »Welle«.

… normalerweise trägt der Manager Anzug und Krawatte. Als jedoch seine Lieblingsrockband spielt, kommt er zum Konzert mit Lederhose und Lederjacke, wie nahezu alle anderen in der Halle auch.

… Staatspräsidenten sitzen in ihren großen Lehnsesseln mit gleich überschlagenen Beinen, gleicher Handstellung und gleicher Blickrichtung und gleicher Anzugfarbe.

… als er mit seiner ersten Freundin nach Hause kam, trug er plötzlich, neben seiner Skaterhose und dem T-Shirt seiner Lieblingsband, genau dasselbe rosarote Armband wie seine Angebetete. Obwohl er diese Bänder vor kurzem noch zum Kotzen fand.

Sie agieren ganz so, als ob sie sich »spiegeln« würden.

Beim Spiegeln passt ein Kommunikator das beobachtete Verhalten einer Person an. Er übernimmt verbale und nonverbale Signale und gibt sie ähnlich wieder. Er passt also seine Körpersprache, die Worte, die Stimme und dergleichen an seinen Gesprächspartner an.

13.1 Warum Sie spiegeln sollten

Wie Sie wissen, kauft Ihr Kunde nicht primär Ihr Produkt oder Ihre Dienstleistung um seiner selbst willen. Er tut dies, um damit einen Zweck zu erfüllen. Zum Beispiel sein Leben erleichtern, Prestige gewinnen oder mehr Gewinn machen.

Deswegen ist es wichtig, seine Gedanken und Gefühle zu verstehen, um zu erkennen, welchen Zweck er für sich selbst damit erfüllen will. Gleichzeitig möchte er das Gefühl haben, dass Sie erkannt haben, worum es ihm beim Kauf *eigentlich* geht.

Das Handy, das Auto, die Softwarelösung usw. wird der Kunde erst dann akzeptieren, wenn er das Gefühl hat, dass Sie all seine Bedürfnisse, die damit befriedigt werden sollen, erkannt haben.

Sie sollten ihm deswegen vermitteln, dass Sie ihn und seine Situation verstanden haben.

- Seine Leistungen
- Seine Probleme
- Seine Stellung im Unternehmen / in der Gesellschaft
- Seine Bedürfnisse
- Seine Herausforderungen
- Besonderheiten seiner Branche, seiner Situation und seines Unternehmens

Kann man diese Phase des »Verstehens« überspringen und gleich »zur Sache« kommen?
Ja, man kann. Wenn Sie ein Produkt verkaufen, das unvergleichlich günstig und gleichzeitig konkurrenzlos am Markt ist. Außerdem muss es ein Produkt sein, bei dem eine langfristige Kundenbeziehung unwichtig ist.
Ansonsten ist die Phase des gegenseitigen Verstehens unumgänglich.

13.1.1 Verstehen

Wie geht man das am einfachsten an? Wie erfahren Sie die Gefühle des anderen am besten?
Sie könnten ihn danach fragen. Leider können wir dann nicht sicher sein, dass unser Kunde seine Befindlichkeiten ehrlich mit uns teilt. (Auch wir antworten auf die Frage »Wie geht es dir?« nur manchmal wirklich ehrlich.)

Wir müssen ein wenig ausholen:
Jedes Gefühl in uns drückt sich nach außen hin mit einer bestimmten Gestik oder Mimik aus. JEDES!

- Wenn einem der Mund vor Staunen offen steht, dann bleibt der Mund offen stehen.
- Wenn man jemanden nicht riechen kann, dann rümpft man die Nase.
- Wenn man eine Sache am liebsten vom Tisch wischen würde, dann wischt man mit der Hand das Fussel von der Kleidung.
- Wenn einem die Angst im Nacken sitzt, dann legt man die Hand in den Nacken.
- Wenn einem angst und bange wird, baut man Schutzgesten um sich auf.

Wir wissen nun, dass all diese Körpersignale ein Gefühl als Ursprung haben. Das heißt: Ein bestimmtes Gefühl löst eine bestimmte Körperhaltung aus. Wenn wir also einen zuverlässigen Zugang zu seinen Gefühlen bekommen wollen, sollten wir uns die Auswirkungen seiner Gefühle anschauen – nämlich seine Körpersprache.

Am einfachsten geschieht dies, wenn Sie sich in die gleiche Lage wie Ihr Gegenüber versetzen, indem Sie seine Körpersprache spiegeln.

Gespräch ist »Das eigene Haus zu verlassen und an die Tür des anderen zu klopfen«.
Albert Camus

Sie können Albert Camus beim Wort nehmen und die Schuhe Ihres Kunden anziehen und einige Meilen damit gehen. Dann werden Sie ihn auf alle Fälle besser verstehen.

Versuchen Sie seiner Mimik und Gestik zu entsprechen. Setzen Sie sich ebenso hin wie er, achten Sie auf die Beinhaltung, bemerken Sie seine Arm- und Handhaltung. Wenn Sie seine Stimme, Tonhöhe und Sprechtempo widerspiegeln, werden Sie einen Einblick in seine Befindlichkeiten finden.

13.1.2 »Gleich und gleich gesellt sich gern«

Ein weiterer Aspekt dabei ist der, dass sich Ihr Kunde verstanden fühlen wird. Er wird Sie als Gleichgesinnten anerkennen, und »Stammeszugehörigkeit« gibt ihm die nötige Sicherheit.

(Wie wichtig das ist, wird deutlich, wenn man sich das Gegenteil ansieht. Wenn Menschen alleine in gänzlich fremder Umgebung sind. Das muss nicht einmal ein fremdes Land sein. Es reicht, wenn der Rockfan in den noblen Golfclub geht, oder der Yuppie in das Kellerlokal, in dem sich die Alternativszene der Stadt trifft. Unangenehme Unsicherheit würde sich wahrscheinlich breit machen.)

In vielen Bereichen unseres Lebens gesellen wir uns zu Menschen, die uns ähnlich sind. Äußerlich, von ihrer Sprechweise, von ihren Interessen und ihren Werten.[18] Die Folge ist, dass wir uns Menschen, die uns ähneln, leichter öffnen. Wir lassen Sie näher an uns ran und schenken ihnen mehr Vertrauen.

Übung
Womit können Sie im Verkaufsgespräch Übereinstimmung erzeugen?

-
-
-
-
-
-
-
-
-
-
-
-
-
-
-
-

Tipp
- Gleichen Sie Ihre Kleidung an.
- Setzen Sie sich ähnlich hin.
- Passen Sie Ihre Körpersprache an.
- Passen Sie das Gesprächstempo an.
- Gleichen Sie die Lautstärke an.
- Übernehmen Sie Lieblingsworte Ihres Kunden.

Vorsicht!

Verlieren Sie dabei auf keinen Fall Ihre Authentizität. Nähern Sie sich Ihrem Gegenüber so an, wie es Ihrer Glaubwürdigkeit entspricht.

Versuchen Sie nicht, einen fremden Dialekt, eine eigenartige Gehweise, einen extraordinären Kleidungsstil nachzuahmen, wenn es nicht mit Ihrer Persönlichkeit übereinstimmt.

Man würde dann nicht mehr von Spiegeln, sondern von »Nachäffen« sprechen. Dies wirkt wenig glaubwürdig und ruft möglicherweise ein negatives Gefühl beim Kunden hervor.

14. Sex im Büro

Der Psychiater zeichnet einen Strich: »Woran denken Sie dabei?«
»An nackte Weiber«, antwortet der Mann.
Der Psychiater zeichnet einen Kreis: »Und woran denken Sie hierbei?«
»An nackte Weiber«, antwortet der Mann.
Der Psychiater zeichnet einen Stern. »Und dabei?«
»An nackte Weiber natürlich.«
Der Psychiater legt den Bleistift aus der Hand. »Ich habe den Eindruck nackte Frauen sind eine fixe Idee bei Ihnen.«
»Bei mir??? Wer hat denn das ganze obszöne Zeug gemalt?«

Klar denken Männer oft an Sex. Müssen sie auch. Sie sind sozusagen dahin gehend gesteuert.
Ausgehend vom Hypothalamus, diesem vier bis fünf Gramm schweren, etwa kirschkerngroßen Teil im Hirn, der die Testosteronausschüttung steuert. Bei Frauen, Homosexuellen und Transsexuellen ist der Hypothalamus deutlich kleiner als beim heterosexuellen Mann. Bedenkt man, dass der Testosteronspiegel beim Mann zirka zehn- bis 20-mal so hoch ist wie bei der Frau, ist es nicht verwunderlich, dass Männer oft an das »eine« denken.[19]

**Frauen sind durch zwei zirka 0,7 Kilogramm schwere
Gehirnhälften gesteuert. Männer durch einen Kirschkern.**

Evolutionsgeschichtlich haben Männer und Frauen verschiedene Aufgaben, die den Fortbestand der Gattung Mensch sichern. Sie sind sozusagen Spezialisten. Und nur in ihrem Zusammenspiel ist der Erfolg des Fortpflanzungsmodells zu erklären.
Männer waren darauf spezialisiert, ihre Samen möglichst breit zu streuen. Damit war gesichert, dass auch bei einigen Ausfällen der Samen auf fruchtbaren Boden fällt. Dies musste schnell und zielstrebig passieren. Im Notfall auch dann, wenn der Feind bereits in Sichtweite war.

Damit sind auch ihre Werbungsgesten offensiver, direkter und daher auch viel offensichtlicher. Männer können nahezu immer und an jedem Ort Sex machen. Sie brauchen keine lange Anlaufzeit.
Die Kriterien für seine Partnerin sind damals wie heute vor allem: Gesundheit und die Fähigkeit, seine Kinder großzuziehen.

Frauen verfolgen in der Partnerwahl andere Ziele.
Nur sehr, sehr wenige Tiere haben einen ähnlich langen Bedarf an Betreuung ihres Nachwuchses wie der Mensch. Elefantenbabys können schon kurz nach ihrer Geburt mit der Herde mitziehen. Kaninchen bringen nach sechswöchiger Trächtigkeit ihre Jungen zur Welt. Nach weiteren zwei Wochen sind diese fähig, sich ohne Elternhilfe vor Feinden zu verstecken und für Nahrung zu sorgen. Pferde können schon wenige Minuten nach der Geburt auf den eigenen wackeligen Beinen stehen. Frauen bringen nach neunmonatiger Schwangerschaft ein Kind zur Welt. Dieses Kind bedarf viele Jahre der Unterstützung durch die Eltern. Unfähig, alleine zu leben, und lange Jahre unselbstständig, ist die Hilfe eine Überlebensnotwendigkeit.

Mütter betreuen ihre Töchter zirka 15 Jahre lang.
Mütter betreuen ihre Söhne so lange, bis die Schwiegertochter den Job übernimmt.

Für Frauen ist also neben der Produktion des Nachwuchses vor allem die erfolgreiche »Aufzucht« wichtig.

Die Auswahlkriterien für die Partnerwahl sind bei Frauen somit andere als beim Mann. Er muss für seine Familie dauerhaft sorgen und sie auch beschützen können. Für sie ist es auch wichtig, dass er langfristige Verpflichtungen eingeht.

Im Verkauf würde man sagen: Frauen ist eine nachhaltige Bindung wichtig, während Männer nach schnellem Abschluss suchen.

Neukundenakquise
Männer glauben von sich diejenigen zu sein, die die Initiative ergreifen, wenn es um die Werbung von Partnerinnen geht.

Falsch!

Männer *glauben* dies von sich! In Wirklichkeit sind es die Frauen, die einem Mann das Signal geben loszustarten!

Untersuchungen zeigen, dass in 90 Prozent der Fälle Frauen das erste Signal aussenden, worauf Männer mit ihrem Balzverhalten starten.

Und die Herren der Schöpfung nehmen diese Zeichen dankbar und gern auf. Sie nehmen es so gern auf, dass sie auch Startzeichen sehen, wo oft gar keine sind.

Natürlich gibt es auch Männer, die aufs Geratewohl Frauen ansprechen. Auch sie haben Erfolg. Wie heißt das Sprichwort: »Auch ein blindes Huhn findet mal ein Korn«?

Sprich: Die Menge macht es aus.

Weit erfolgversprechender ist es, wenn Männer Signale erkennen und erst dann beginnen, ihre eigenen auszusenden.

14.1 Signale erkennen

Sexuelle Signale betonen immer den Unterschied zwischen den Geschlechtern. Also versuchen Frauen besonders weiblich zu wirken und Männer besonders männlich.
Dabei werden die sekundären Geschlechtsmerkmale betont.
Die primären Geschlechtsmerkmale (Vagina, Uterus und Eierstöcke bei der Frau / Penis und Hoden beim Mann) spielen nicht immer eine so große Rolle wie die sekundären.
Die sekundären Geschlechtsmerkmale sind jene Körperteile, die nicht unbedingt zur Fortpflanzung nötig sind.
Bei der Frau: Brüste, Beckengürtel, stärkere Fettablagerungen an Schenkeln und Gesäß.
Beim Mann: Körperbehaarung im Gesicht und an der Brust, tiefere Stimme und größerer, muskulöserer Körper.

14.2 Signale von Männern

Wundern Sie sich nicht, wenn dieses Kapitel recht eindimensional wird. Denn Männer sind in dieser Hinsicht weder besonders einfallsreich noch besonders sensibel.
Mit dem Hervorstreichen ihrer Männlichkeit und ihres Geschlechtsorgans betonen Männer unbewusst ihre Paarungsbereitschaft.

Richtung
Die Körperachse wird in Richtung der Interessenweckerin gedreht.
Zu erkennen ist das nicht unbedingt an der Blickrichtung.
Auch wenn der Kollege Ihnen gegenüber scheinbar so großes Interesse zeigt, während die neue Mitarbeitern daneben steht. Achten Sie auf seine Beinstellung. Sie verrät mehr über sein wahres Interesse als seine Worte.

Raum
Ein besonders archaisches Signal ist die Inanspruchnahme von Raum. Je größer das Bedürfnis ist, Stärke zu zeigen, desto mehr Raum beansprucht das Tier Mann. Die Beine werden weit von sich gestreckt und

die Arme hinter dem Kopf weit ausgebreitet. Oftmaliges Verändern der Sitzposition und Herumrutschen am Sessel verstärken dieses Signal.

Stimme
Männer mit hohem Testosteronspiegel haben eine tiefere Stimme. Mit dem Senken der Stimme wird dies demonstriert.

Pfau
Wie ein Pfau putzt sich ein Mann in Gegenwart einer für ihn attraktiven Frau heraus. Er richtet den Kragen, zieht den Krawattenknopf zurecht. Wie überhaupt die Krawatte eine tiefere Bedeutung zu bekommen scheint, wenn man sieht, wie er darauf auf und ab streicht.

Brust
Eine muskulöse Brust unterscheidet Männer von Frauen deutlich. Deswegen wird sie weit herausgestreckt.

High Noon oder »bereit zum Schuss«
Wenn John Wayne einem Feind mitten in der menschenleeren Westernstadt gegenübersteht, signalisiert er Männlichkeit mit seinem breiten Stand. Er ist bereit zum Schuss.
Das sind seine Geschlechtsgenossen auch, wenn sie eine Frau ihres Interesses erblicken.
Mit breiten Beinen und oft durchgedrücktem Becken unternehmen sie nicht einmal den Versuch, ihre Absichten zu verheimlichen. Sie lenken damit die Blicke direkt zwischen die Beine. Verstärkt wird dies, wenn der Mann mit diesem Stand auch noch leicht vor- und zurückwippt.

Blickachse
Sollten sie den Eindruck haben, es sei noch nicht offensichtlich genug, dann werden noch eindeutigere Blickachsen geschaffen.

- Beide Hände in die Hüften gestemmt
- Eine Hand leicht in die Hosentasche gesteckt
- Eine Hand in den Hosenbund gesteckt (einen lieben Gruß von Al Bundy)

In medias res
Ja, ja. Sie tun's wirklich. Sie greifen sich in aller Öffentlichkeit »da« hin. Man stelle sich vor, eine Frau macht das …

Oft ganz ausführlich und lange. In südlichen Ländern sieht man Männer im Kreis stehen, wobei sich einer nach dem anderen zwischen die Beine fasst. Damit wollen sie ihre »Potenz« demonstrieren. Sie sehen das auch auf Fußballplätzen, nicht nur beim Freistoß …

In täglichen Leben passiert es subtiler. Ein kurzer Griff, ein kurzes Darüberstreichen oder ein Anfassen in der Gegend des Hüftgelenks, senden dasselbe Signal aus.

Der Daumen
Der Daumen ist der Finger, der die Potenz am eindeutigsten symbolisiert.
Er wird hergezeigt, damit die Damen dieser Welt auch ja wissen, wozu man(n) im »Stande« ist.

- Die Hand so in die Hosentasche gesteckt, dass der Daumen rausragt
- Daumen in die Gürtelschlaufen gesteckt
- Der Daumen ragt aus der Sakkotasche heraus
- Daumen in den Hosenbund gesteckt
- Bei verschränkten Armen stehen beide Daumen an den Achseln in die Höhe

Beinstellung
Ein Bein wird beim Stehen oder Sitzen in Richtung Frau ausgestellt.

Abstand
Männer gehen auch offensiver auf Frauen zu. Manchmal auch auf jene Frauen, die gar nichts wollen. Sie verletzen dabei den Respektsabstand der Frau und »treten ihr zu nahe«.
Nun passiert Folgendes:
Unbewusst nimmt die Frau eine verschlossene Körperhaltung ein. Sie verschränkt ihre Arme und/oder überkreuzt ihre Beine. Hat der Herr es nun immer noch nicht verstanden, so dreht sie ihre Körpermitte vom Mann weg.
Manche halten immer noch dagegen, sodass frau zum nächsten Mittel greifen muss. Sie macht einen unmerklichen Schritt zurück.
Und was macht mann: Er folgt ihr (un)auffällig. Frau weicht wieder einen unmerklichen Schritt zurück, worauf mann ihr folgt. Und so geht das weiter. Wundern Sie sich also nicht, wenn Sie ein Paar während eines Abends im Lokal fünfmal an Ihnen vorbeiwandern sehen …

Das geht so lange weiter, bis die Freundin endlich vom WC zurückkommt und frau aus der Situation befreit.
Was macht frau?
Sie geht mit ihrer Freundin auf die Toilette, wo sie lange und breit erklärt, wie idiotisch sich der Mann benommen hat.
Was macht mann?
Er stellt sich an die Bar zu seinen Freunden und erzählt, dass er gerade eine Frau erfolgreich »angebraten« hat. Und er sich nur mit Mühe aus ihren Fängen befreien konnte.

14.3 Signale von Frauen

Frauen sind nicht nur sensibler im Erkennen von Signalen. Sie sind auch vielfältiger beim Senden.
Wie beim Mann geht es auch darum, die sekundären Geschlechtsmerkmale und somit die Weiblichkeit zu betonen.

Hüftschwung
Ein ausladender Hüftschwung betont das Becken. Männer assoziieren damit Gebärfreudigkeit. Frauen wissen dies und setzen es als Werbungssignal ein.

Aufstemmen eines Armes in die Hüfte
Betont den Beckengürtel, macht ihn breiter und somit attraktiver.

Geöffnete Beine
Wenn eine Frau einen Mann sexuell abweisen will, verschließt sie die Beine.
Genau das Gegenteil tut sie, wenn sie einen Mann attraktiv genug findet.

Blick von der Seite
Der Mann wird mit leicht gesenktem Kopf vom Augenwinkel aus angesehen. Sobald sie merkt, dass der Mann sie gesehen hat, schaut sie weg. Dabei wird der Eroberungsgedanke beim Mann stark angeheizt.

Blick über die Schulter
Sie kennen den verführerischen Blick von Marilyn Monroe. Von der Seite mit leicht gesenktem Kopf über die Schulter. Auch Prinzessin

Diana war unglaublich gut in dieser Pose. Dieser Blick weckt den Beschützerinstinkt im Mann.

Zurückwerfen des Kopfes
Auch Frauen mit kurzen Haaren tun dies, sobald sie ein Männlein entdecken, das sie reizt.

Haare
Sie nimmt eine Haarsträhne zwischen die Finger und spielt damit.

Offenlegen des Halses
Jene so leicht verletzliche Körperstelle wird nur Menschen ganz offen gezeigt, vor denen man sich nicht zu fürchten braucht.

Oberlider
Die Oberlider des Auges werden für einen kurzen Augenblick leicht gehoben. Ein geweiteter Blick wirkt attraktiv und kann oft nur vom direkt Betroffenen erkannt werden.

Stimme
Die Frau beginnt leiser zu sprechen.

Lippen
Frauen haben von Natur aus ausgeprägtere Lippen. Der männliche Körper bildet im Laufe der Pubertät die Kieferknochen stärker aus als der weibliche. In derselben Zeit bilden Frauen ausgeprägtere Lippen aus. Diesem sekundären Geschlechtsmerkmal wird besondere Aufmerksamkeit geschenkt.

* Die Lippen zu einem Schmollmund geformt
* Die Zunge leckt über die Lippen
* Ein roter Lippenstift verstärkt dieses Signal ungemein

Dieses Betonen der Lippen erinnert an die stärkere Durchblutung dieses Bereichs während des Geschlechtsakts.

Leichtes Öffnen des Mundes
Der Mund wird ein klein wenig geöffnet, sodass die Spitzen der Zähne sichtbar werden.

Handgelenksinnenseite
Die höchst erregbare zarte Haut an der Innenseite der Handgelenke wird hergezeigt.

Haltung

Sobald die Frau einen attraktiven Mann erspäht hat, dreht sie sich ihm früher oder später zu. Und zwar so, dass sie mit ihrer Körperhaltung andere Männer abweist. (»Ich gehör nur dir, mein Schatz.«)

Gegenstände

Ein länglicher Gegenstand wird in die Hand genommen. Beispielsweise eine Zigarette (ohne sie anzuzünden), der Stiel eines Weinglases oder ein Stift. Mit den Fingern spielt sie daran herum und fährt daran auf und ab.

Überschlagen der Beine

Die Verhöhrszene aus »Basic Instinct« zeigt es deutlich. Sharon Stone sitzt auf einem Sessel den Polizisten direkt gegenüber. Sie schlägt zuerst das rechte Bein über das linke und anschließend wechselt sie auf Links über Rechts. Auf den ersten Blick wechselt hier Sharon Stone von einer verschlossenen Haltung in die nächste. In Wirklichkeit lenkt sie aber damit unsere Aufmerksamkeit genau dahin, wo sie sie haben wollte.

Mehrmaliges Hin-und-her-Überschlagen lenkt die Aufmerksamkeit auf die weiblichen Geschlechtmerkmale.

Verlängern der Beine

Viele Frauen können ihre Beine übereinanderschlagen und sie dabei seitlich ablegen. (Männer können das nicht, da sie nicht so gelenkig sind.) Dies unterstreicht die Weiblichkeit. Außerdem verlängert es optisch die Beine.

Richtung

Die Beine zeigen immer in Richtung des Herrn »George Clooney«.

Schuhe

Bei überschlagenen Beinen wird der Schuh des oben liegenden Beines halb ausgezogen. Am Vorfuß hängend spielt sie damit herum.

Wippen

Mit leichten Wippbewegungen des überschlagenen Beines in die entsprechende Richtung sendet sie ein Signal an den Mann.

Selbstberührung

Frauen beginnen sich selbst zu berühren. Zum Beispiel streichen sie sich entlang der Beine oder der Hüften.

Dies ist ein kleiner Einblick in die Unterschiede der Signale von Männern und Frauen. Wenn Sie nun die Vielfalt der feinen weiblichen Signale mit der Einfalt und der Offensichtlichkeit der Signale der Männer vergleichen, werden Sie erkennen, dass Frauen das bestimmende Element sind.

Klarstellung

Meine Herren, um eines klarzustellen:
Wenn Sie beim nächsten Cafébesuch eine Dame sehen, die sich in Ihrer Gegenwart die Lippen befeuchtet oder sich am Oberschenkel kratzt, starten Sie nicht zu ihr hin, und geben Sie ihr auch nicht gleich Ihre Hotelzimmernummer.

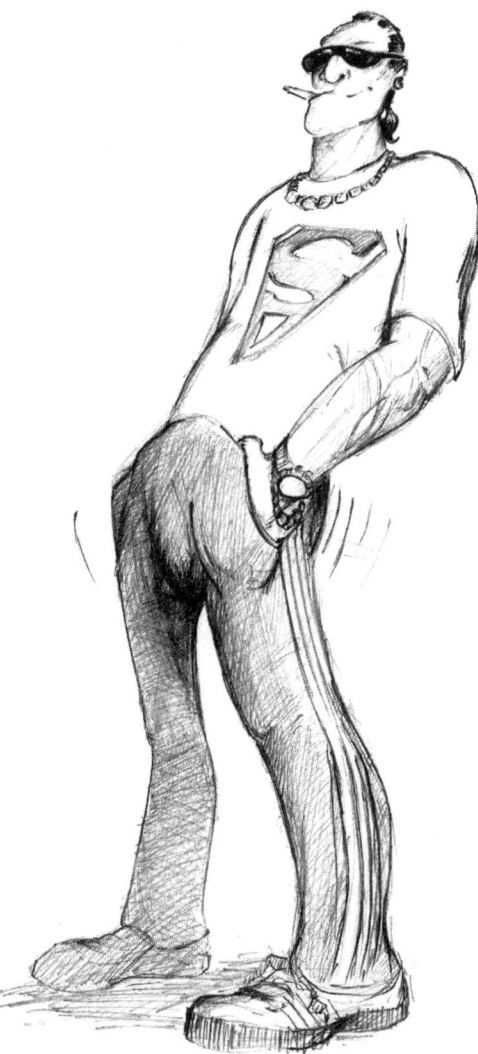

Vielleicht hat sie eine Fieberblase und der Gelsenstich juckt.

Erst ein Zusammenspiel von mehreren Signalen, die eindeutig für Sie bestimmt sind, könnte in die erhoffte Richtung deuten. Und erwarten Sie sich nicht zu viel. Wenn Sie eine Frau attraktiv findet, heißt das nur, dass Sie vom ersten Eindruck auf sie passend wirken. Sie würde Ihnen sozusagen erlauben, sich zu ihrer Sippe zu gesellen. Wundern Sie sich nicht, wenn sich da schon Hunderte andere passende Männlein befinden, die sie im Laufe ihres Lebens im ersten Augenblick als attraktiv und passend empfunden hat.

Wir tun es ständig

Vielleicht mag es im ersten Moment befremdend sein zu wissen, dass wir nahezu ständig solche Signale aussenden.

217

Damit bekunden wir nicht nur Interesse an möglichen Partnern.
Viel öfter geht es uns einfach darum, Sympathie oder Antipathie zu
zeigen. Und Macht oder Unterwerfung zu signalisieren.
Es ist uns wichtig, möglichst attraktiv auf unsere Umwelt zu wirken.
(Wir geben auch eine Menge Geld dafür aus.)
Dies macht einen wesentlichen Bestandteil unseres Lebens aus.

Ehrlich

*Viel Geld wars schon. Aber man gönnt sich ja sonst nichts. Wenn
ich bedenke, wie toll die Qualität ist. Die hält sicher an die 15
Jahre. Mindestens. Und wenn ich das auf den Tag runterrechne.
Also wirklich. Ein Schnäppchen. Weiß gar nicht, was mein Mann
hat ... Und er sagt immer, ich könne nicht rechnen. Hat der eine
Ahnung!*

*Außerdem hat keine meiner Freundinnen eine. Die prahlen immer
mit ihren Gucci-Taschen. Alles Fälschungen. Wie vulgär. Ich sag's
ihnen natürlich nicht. Dass ich ein Original besitze. Es reicht mir,
wenn ich's für mich alleine weiß. Ehrlich.*

*Heute ist es wieder so weit. Ich brauch einen Sessel, um sie run-
terzuholen. Kein Staubkorn ist auf diesem Kasten, auf dem ich sie
verstaut habe. (Nur auf diesem, um ehrlich zu sein.) Aber der ist
mir wichtig.*

*Wenn ich die Tasche runterhole, geht's mir gut, und ich schau sie
an. Dann vergewissere ich mich, ob auch wirklich niemand
zusieht. Denn ich tu's nur für mich. Ganz allein. Ehrlich.*

*Dann geh ich ins Badezimmer. Zuerst ein wenig Make-up. Mein
Teint soll frisch aussehen. Ein wenig Rouge an den Wangen. Richtig sexy sieht das aus. Die Wimpern werden laaaang gemalt. Und
ganz dunkel. Mit dem Lidschatten kommt der Kontrast zwischen
dem Weiß der Pupillen und meiner dunklen Augenfarbe richtig gut
zur Geltung. Umwerfend sehe ich aus. (Wenn ich ein wenig nach-
helfe.) Wenn das ein Mann sehen könnte ... Am Schluss noch die
Lippen. Knallrot. Und ein wenig größer, als sie sind. Weiß ja keiner.
Und es sieht so ... ach so unwiderstehlich aus.*

Mmmh. So fühl ich mich ganz als Frau.

Wenn mich einer sehen könnte. Umwerfen würd's ihn. Aber darum geht's mir gar nicht. Ehrlich.
Jetzt das Cocktailkleid. Ein wenig straff sitzt es schon. Es ist so warm hier drinnen. Die Durchblutung lässt mich immer ein wenig fester erscheinen, als ich eigentlich bin. Wirklich. Und dann. Mmh. Ja dann pack ich sie aus, die Tasche. Und stell mich vor den Spiegel. Wow. Umwerfend. Wenn mich jetzt einer sehen könnte. Zu Füßen liegen würde er mir.
Aber das ist mir eigentlich egal. Darum geht's mir nicht. Ehrlich.
Ich will nur für mich schön sein. Ehrlich.
Fein säuberlich pack ich sie wieder weg. Zieh das Kleid aus. Schmink mich ab und zieh den Jogginganzug an. Der ist ja viel bequemer. Und eigentlich tu ich das ja alles nur, um mir selber zu gefallen. Ehrlich.

Auch wenn wir es niemals zugeben würden und immer wieder beteuern, dass wir die teure Kleidung, die Uhr oder den Schmuck nur für uns selbst kaufen: Wir tun es auch als Signal für die anderen.
Mit unserem Äußeren bestimmen wir unseren Status.
Und wenn uns eine Situation oder eine Person wichtig genug ist, setzen wir alles daran, um bei ihr besser anzukommen.
Der Religionsphilosoph Martin Buber meint, dass wir uns selbst nicht genügen.

Das ICH entsteht am DU.
Martin Buber

Nur durch und mit anderen Menschen entsteht unser ICH.
Wie wichtig dies im Verkaufsleben sein kann, lesen Sie im nächsten Kapitel.

15. Machtsignale

Sie sind zu einem Präsentationstermin eingeladen. Im Raum sitzen drei Männer und zwei Frauen. Wie finden Sie heraus, wer der Entscheider ist? Wer die meiste »Macht« hat? Wer eigentlich nur Statist in dem Kreis ist?

Visitenkarten sind sehr hilfreich. Sie helfen uns schnell zu erkennen, wie die Machtpositionen verteilt sind. Leider stimmen die Berufsbezeichnungen nicht immer mit der Realität überein, zum Beispiel:

- Wenn der Geschäftsführer sich ganz auf den Marketingleiter verlässt.
- Wenn der technische Leiter die Entscheidungen trifft.
- Wenn Entscheidungen in der Gruppe getroffen werden.
- Wenn der Geschäftsführer zwar anwesend ist, aber ganz mit der Expansion des Unternehmens beschäftigt ist. Er überlässt die Tagesgeschäftsentscheidungen dem Prokuristen.
- Wenn der Seniorchef seine Zeit nur mehr absitzt und seinem Sohn die Agenden übergeben hat.
- Wenn der Ehemann beim Verkaufsgespräch redet, die Frau jedoch über Ja oder Nein entscheidet.

Deswegen sind Berufsbezeichnungen zwar manchmal der entscheidende Hinweis, jedoch nicht immer.

Darüber hinaus reden wir üblicherweise auf diejenigen ein, die mit uns am meisten kommunizieren. Die, die die meisten Fragen stellen, die meisten Reaktionen auf unseren Vortrag zeigen und das größte Interesse signalisieren.
Wenn wir Glück haben, sprechen wir damit auch wirklich den Entscheidungsträger an. Was aber, wenn er gerade der Ruhigste in der Runde war?
Die Folge könnte sein, dass er sich stark übergangen fühlt, seine Bedenken nur still in sich formuliert und nicht äußert. Somit können wir sie auch nicht ausräumen.
Außerdem war unsere Aufmerksamkeit auf die anderen Teilnehmer gerichtet. Und somit haben wir auch mögliche Abschlusssignale übersehen.

Übung
Woran erkennen Sie, wer der Entscheider und wer nur »Statist« in der Gruppe ist?

-

-

-

-

-

-

-

-

-

-

Hier einige Tipps, wie Sie die Rollen erkennen können

Sessel
Der König sitzt auf dem Thron. Damit vergrößert er sich. Durch hohe Lehnen wirken seine Schultern größer. Sesselrollen sind auf einem normalen Besuchersessel selten zu finden. Kippen, drehen und wenden kann man nur den Königsthron.

Sitzposition
Achten Sie auf die Sitzposition. Oft sitzt der Entscheider an einer besonderen Stelle (zum Beispiel an der Stirnseite des Tisches).

Oder vor dem Fenster. Der Besucher wird beim Eintreten geblendet und kann den »Chef« somit nur schemenhaft erkennen, während er im vollen Rampenlicht steht.

Sitzhaltung
Oft ein wenig zurückgelehnt, um die Sache aus der Distanz zu betrachten. Arbeiten tut schließlich das Volk.

Platz
Am Tisch beansprucht er mehr Platz. Dieser wird ihm auch bereitwillig gegeben.

Armhaltung
Arme hinter dem Kopf verschränkt.

Finger
Nach oben gefaltetes Dach lässt auf Überlegenheit schließen.
Der Daumen ist meist bei den »Mächtigen« zu sehen.

Blicke
Ein untrügliches Zeichen. Jene, die um die Gunst des Chefs buhlen, suchen ständig seinen Blickkontakt. Besonders kurz, nachdem sie das Wort ergriffen haben. Sie werfen ihm einen kurzen Blick zu und checken damit ab, wie sie beim »Machtinhaber« dastehen. Chefs blicken deutlich weniger auf ihre Mitarbeiter. Sie *lassen* sich eher anblicken.
Damit können sie auch innerhalb eines Unternehmens die eigentlichen Rollenverteilungen erkennen. Wer sucht den Blickkontakt und wer lässt sich anblicken?

Körperhaltung
In Umgebung seiner Untergebenen fällt es dem Chef leicht, eine offene Körperhaltung einzunehmen. Er kann sich auch groß machen. Wehe, ein »Untergebener« versucht dasselbe.

Richtung
Wie bei sexuellen Signalen dreht sich der Körper immer in Richtung des Interesses. Schauen Sie wenn möglich unter die Tische, wohin

sich die Beine drehen. Sie sollten auf Sie, als Vortragenden, gerichtet sein. Wenn nicht, werden sie in Richtung des »Entscheiders« gerichtet sein.

Vielredner

... tun dies manchmal aus echtem Interesse. Und manchmal, um damit einen anderen Zweck zu erfüllen. Zum Beispiel, um großen Einsatz für das Unternehmen zu demonstrieren und so in der Gunst des Chefs zu steigen.

All das sind Situationen, in denen es wichtig ist zu erkennen, wie die Rollen verteilt sind. Wer von wem etwas will und wer das eigentliche Sagen hat.

All die vorhin besprochenen **sexuellen Signale von Männern und Frauen** passieren in einem Meeting ständig. Achten Sie darauf. Sie werden schnell erkennen, wer um die Gunst buhlt und um wessen Gunst gebuhlt wird.

Diese Signale werden auch innerhalb desselben Geschlechts ausgesandt.

Je besser Sie als Außenstehender diese Rang- und Werbungssignale erkennen, desto klarer werden Sie

- Entscheidungsträger,
- Entscheidungsabläufe,
- Statisten

erkennen.

Und kommen somit schneller an Ihr Ziel.

223

16. Kommunikationszonen

**Wie nahe wir einem Menschen stehen,
gibt Auskunft darüber,
wie »nahe wir ihm stehen«.**

Das Abstandsverhalten von Menschen untereinander wird weitestgehend auf einer unbewussten Ebene geregelt. Nicht jeden lassen wir gleich nahe an uns heran. Wir teilen den Menschen um uns gewisse Abstandszonen zu. In unseren Instinkten ist angelegt, wie groß diese Entfernungen sein müssen, damit wir im Falle einer Bedrohung rechtzeitig reagieren können. Werden diese verletzt, so empfinden wir das meist als sehr unangenehm.

Dabei ist wichtig, dass sich das Abstandsverhalten zu einer Person ändern kann. Je besser wir einen Menschen kennen lernen und je lieber wir ihn haben, desto näher lassen wir ihn ran. Und umgekehrt.

Außerdem gibt es starke regionale Unterschiede.
In südlichen Ländern ist die Intimzone generell enger als in Zentraleuropa.
Dass sich Männer berühren, Arm in Arm durch einen Park schlendern und sich in Gesprächen bis auf eine Unterarmlänge gegenüberstehen, ist für uns ungewöhnlich.

Die Terrassenkante

Als der Golfplatz nahe Rio de Janeiro eröffnet wurde, war die Terrasse des Clubhauses noch ohne Geländer. Der Club wurde von US-Amerikanern und Brasilianern gleichermaßen gern besucht. Als sich Unfälle häuften, bei denen US-Amerikaner von der Clubhausterrasse rücklings abstürzten, begannen sich die Betreiber des Golfplatzes Sorgen zu machen.

Sie beobachteten die Besucher. Dabei stellten sie Folgendes fest:
Wenn Amerikaner mit Amerikanern plauderten, kam niemand in
Gefahr abzustürzen. Dasselbe galt, wenn zwei Lateinamerikaner
miteinander sprachen.

Wenn jedoch Nord- und Südamerikaner in ein Gespräch vertieft
waren, kam es immer wieder vor, dass beide der Terrassenkante
bedrohlich nahe kamen.

Brasilianer haben einen engeren Intimbereich. Sie treten ihrem
Gesprächspartner also näher. Dies taten sie unbewusst auch im
Gespräch mit US-Amerikanern.

Bei denen wiederum schlug das Unterbewusstsein Alarm, da
jemand ihren Intimbereich betrat. Unbewusst machten sie einen
Schritt zurück.

Die Brasilianer traten wiederum näher, und die Amerikaner wichen
zurück.

Dieses Spiel wiederholte sich so lange, bis manche von ihnen dem
Ende der Terrasse zu nahe kamen.

Der Club entschied sich, ein Geländer auf der Terrasse zu montie-
ren.

16.1 Die vier Kommunikationszonen

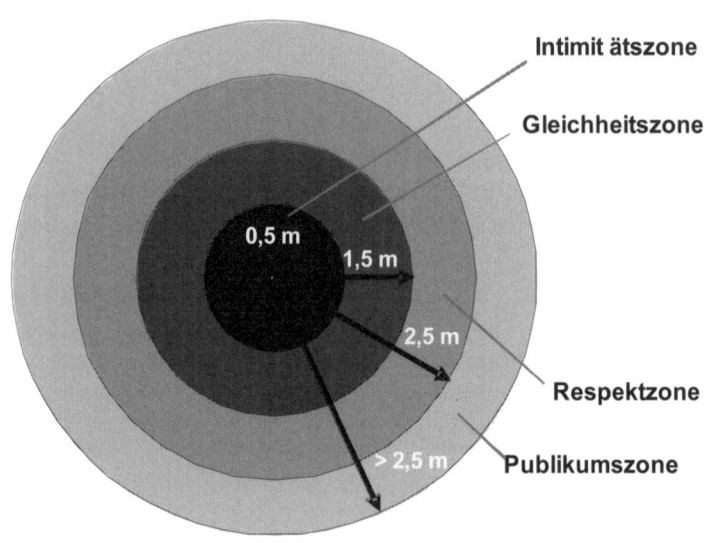

Die Intimzone

- Entfernung
  - eine Armlänge
  - stark kulturabhängig

- Zutritt
  - freiwillig
  - nur mit großem Vertrauen
  - Partner, Kinder, Eltern, Haustiere

Gleichheitszone

* Entfernung
  - ab einer Armlänge bis zirka 1,5 Meter
  - stark kulturabhängig

* Zutritt
  - freiwillig
  - Freunde, Familie

Respektzone

* Entfernung
  - 1,5 bis 2,5 Meter
  - stark kulturabhängig

* Zutritt
  - soziale Kontakte oberflächlicher Art
  - Vorgesetzte, Kollegen

Publikumszone

* Entfernung
  - ab 2,5 Meter
  - wenig kulturelle Unterschiede

* Zutritt
  - alle Menschen ohne persönlichen Kontakt

Ein interessantes Phänomen betrifft sowohl die Intim- als auch die Gleichheitszone:

Die »Lift-Situation«
In einem Aufzug ist man gezwungen, fremde Menschen sehr nahe kommen zu lassen. Unsere Intim- und Gleichheitszone wird verletzt. Mit allen uns zur Verfügung stehenden Mitteln versuchen wir nun aus dieser Situation zu entfliehen oder sie zu negieren, indem wir die anderen Menschen als Non-Personen[20] behandeln.

* Meist werden alle Gespräche eingestellt.
* Blickkontakt wird gemieden wie der Teufel das Weihwasser.

- Nach den Mienen der Liftkollegen zu urteilen, werden die vorbei-
zählenden Stockwerkszahlen am Display im Lift ebenso spannend
wie der neueste Hollywoodstreifen empfunden.
- Viele Menschen schauen ganz gebannt auf ihre eigenen Schuh-
spitzen oder Fingernägel.
- Und ganz Mutige beobachten aus dem Augenwinkel heraus die
Schuhspitzen der anderen.
- Unser Körper versteift sich.
- Die Situation ist so beklemmend, dass die Herzfrequenz nach
oben geht und Stresshormone ausgeschüttet werden.

Dieselbe Situation tritt auch in der U-Bahn und in Warteschlangen auf.
Dieses Verhalten ist anerzogen und kulturell stark unterschiedlich.

16.2 Reviere

Im täglichen Leben versuchen wir unsere eigenen Reviere zu markie-
ren und gegebenenfalls zu verteidigen.

- Am Schreibtisch werden die Claims abgesteckt. An allen Ecken
werden Bilder, Lampen, Ziergegenstände so aufgestellt, dass man
nur durch Verrücken derselben in diese Zone vordringen kann.
- Armlehnen in Kinos oder Flugzeugen sind ein wahrer Kriegsschau-
platz für kleinere und größere Scharmützel. Sobald sich der Sitz-
nachbar auch nur kurz zurechtsetzt, wird die Armlehne schon
okkupiert.
- Wir achten tunlichst darauf, dass unsere Häuser umzäunt sind.
Wenn diese Grenze verletzt wird, betrachten wir das unterbewusst
als einen Angriff auf unsere Intimzone. Und so kommt es oft zu
haarsträubenden Konflikten, wenn Grundgrenzen verletzt werden.

Es ist auch ein Rang und Machtsignal, wenn diese Reviere künstlich
vergrößert werden.

- Autos dienen dazu, unsere Respektzone deutlich zu vergrößern.
Eine Verletzung des Autos wird von manchen Menschen als ähnlich
schwerwiegend angesehen wie die Verletzung des eigenen Körpers.

- Der Parkplatz wird ein wenig großzügiger ausgenützt, als die weißen Linien eigentlich vorgeben würden.
- Bei Meetings werden zwischen den Sitznachbarn die Territorien schnell abgesteckt. Kurz nach Meetingbeginn ist es interessant zu sehen, wer wie viel Raum von seinem Sitznachbarn »wegmarkiert« hat, indem er Schreibblock, Handy, Stifte usw. ein wenig über seine Hälfte gelegt hat. Etwas später gibt der »Unterlegene« auf und rückt mit seinem Sessel ein wenig zurück.

Achten Sie bei Verkaufsgesprächen tunlichst darauf, keines der Reviere im Unternehmen zu verletzen.

Dazu gehören:

- Parkplätze
- Garderoben
- Schreibtische
- Meetingraumtische
- Sitzplätze

Fragen Sie lieber nach, welchen Parkplatz Sie benützen dürfen, wo der richtige Platz für die Gästekleidung in der Garderobe ist. Wenn Sie ein wenig Raum auf dem Schreibtisch Ihres Gesprächspartners brauchen, bitten Sie um Erlaubnis. Und beginnen Sie nicht selbst mit dem Verschieben der Reviermarkierungen, sondern lassen Sie besser den Schreibtischbesitzer den Platz freimachen.
Auch in Meeträumen gibt es oft Sitzordnungen. Es wäre ungeschickt, wenn Sie sich in den Sitz des Geschäftsführers fallen ließen.

16.3 Körperkontakt

Die Berührung gehört wohl zu einem der intimsten Signale, die wir aussenden und erhalten.
Sie können einem Satz um vieles mehr Nachdruck und »Emotion« verleihen.
»Ich freue mich, dass du hier bist«, quer durch den Raum gerufen, hat eine gänzlich andere Qualität, als wenn Sie den gleichen Satz mit sanfter Stimme sagen, nachdem Sie auf die Person zugegangen sind, ihr tief in die Augen gesehen und sanft beide Hände berührt haben.

Berührungen, die über das Handschütteln hinausgehen, lassen wir nur äußerst ungern bei Personen zu, die nicht in unsere Intimzone gehören. Deswegen sind sie im Verkauf mit größter Vorsicht zu genießen.

Tipps
- Treten Sie **nie** zu nahe.
- Im Zweifelsfall einen Schritt weiter zurück.
- Nehmen Sie wahr, wenn Menschen einen kleinen Schritt zurückweichen. Sie treten ihnen möglicherweise zu nahe. (Oder Sie wechseln Ihr Parfum.)
- Im Zweifelsfall kein Körperkontakt.
- Respektieren Sie Territorialsignale.
- Wenn Sie eingeladen werden, ein wenig näher zu treten, kann ein Zeichen für eine gute Beziehungsebene sein.

Lassen Sie Ihrem Feingefühl Vortritt.

Wenn Sie sich mal nicht sicher sind, stellen Sie sich folgende Situation vor: Ein gänzlich fremder Mensch kommt in Ihre private Küche oder Ihr Wohnzimmer. Nun handeln Sie genau so, wie Sie es von diesem Menschen erwarten würden.

16.4 Sitzpositionen

Frontale Sitz- oder Konfrontationsposition

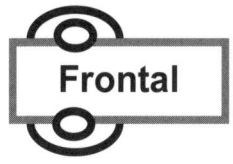

Der Name verrät schon alles. Im Sitzen wie im Stehen befindet man sich bei einem ordentlichen Streitgespräch direkt gegenüber. Wenn Sie also von einem Streit wirklich etwas haben wollen, setzen Sie sich am besten so hin. Wie überall in der Köpersprache, ist die Wirkung nicht nur in eine Richtung gültig. Wenn man streitet, wählt man diese Position. Umgekehrt: Wählt man diese Position, sind Konflikte deutlich wahrscheinlicher als bei Nebeneinanderpositionen. Versuchen Sie also im Verkaufsgespräch diese Position zu vermeiden.

Weitere Nachteile
- Wenn Sie gemeinsam ein Prospekt betrachten, müssen Sie es entweder verkehrt herum lesen oder ständig drehen.
- Bei Laptoppräsentationen verstärkt sich dieses Problem.

Leider wird in Verkaufsgesprächen vom Kunden oft genau dieser Platz angeboten. Ich behaupte meist aus Unwissenheit.

Tipp
Versuchen Sie dies:
Wenn Ihnen der Frontalplatz angeboten wurde, bedanken Sie sich. Setzen Sie an, Platz zu nehmen, und halten Sie kurz vorm Hinsetzen inne. Genau

so, als ob Ihnen in dem Moment ein Gedanke gekommen wäre: *»Ach ... ich habe etwas mitgenommen, das ich Ihnen zeigen möchte. Ist es okay, wenn ich mich ums Eck von Ihnen setze?«*

Die Wahrscheinlichkeit ist sehr, sehr hoch, dass Sie eine positive Antwort bekommen.
Aus zwei Gründen:
- Es ist unwahrscheinlich, dass Ihr Kunde Ihnen partout den Platz an seiner Seite verweigern wird, da ihm wahrscheinlich nicht bewusst ist, dass dies für beide Seiten der vorteilhaftere ist.
- Zum anderen haben Sie die Neugierde geweckt. Sie wird über die Sesselposition siegen.

Manche Büros sind so konzipiert, dass es nicht möglich ist, die Konfrontationsposition zu vermeiden. Blumen, Wände oder Regale können im Weg sein.
Versuchen Sie nun die frontale Stellung zu entschärfen, indem Sie sich möglichst offen hinsetzen. Drehen Sie Ihren Körper mitsamt Ihren Beinen ein wenig zur Seite.

Ums Eck sitzend

Im Verkaufsgespräch ist dies »the position of choice«.
Sie bietet einige Vorteile:

- Wenige Barrieren zwischen den Gesprächspartnern. Dies ist auch im übertragenen Sinne zu sehen.
- Trotzdem sitzt man sich nicht ganz »nackt« gegenüber. Sobald sich einer bedroht fühlt, ist mit dem Tischeck ein kleiner Schutzwall zur Stelle.
- Augenkontakt fällt leicht.

- Sie lässt genug Raum, um den Blick auch mal schweifen lassen zu können.
- Es fällt leicht, gemeinsam die Unterlagen durchzusehen.
- Beide Körper sind großteils sichtbar, was für Transparenz sorgt.
- Man sitzt näher aneinander als bei der Konfrontationsposition.

Parallel oder Seite an Seite

Auch hier sagt der Name alles.

- Damit wird große Übereinstimmung signalisiert.
- Es ist leicht, an einer gemeinsamen Sache zu arbeiten.
- Es ist ein gutes Zeichen, wenn Sie Ihr Kunde »an seine Seite« lässt.
- Keinerlei Barrieren – signalisiert große Offenheit von beiden Seiten.
- Sie bilden einen »Schulterschluss« mit ihm.

Obwohl es eine Idealposition ist, kann es herausfordernd sein, sich neben dem Kunden zu platzieren, ohne bei ihm eine Bedrängnis zu generieren. Sie nehmen ihm damit all seine Schutzbarrieren und dringen in sein Revier ein.

Diagonal

Auch Kantinenposition genannt. Sie signalisiert Desinteresse. Und auch, allein sein zu wollen. Zu beobachten ist sie bei Menschen, die gezwungenermaßen an einem Tisch Platz nehmen müssen, jedoch eigentlich nichts miteinander zu tun haben wollen. Eben in Kantinen, Bibliotheken …

Zusätzlich ermöglichst sie, den Tischgenossen im Auge zu behalten.

Im Verkaufsgespräch ist diese Sitzposition tunlichst zu vermeiden!

Anwendungen in der Praxis

Beate ist begeisterte Verkäuferin. Sie hat schon so einiges in ihrem Leben verkauft. Seit drei Jahren arbeitet sie für eine französische Automarke im Verkauf.

*Sie hat sich nach einigem Probieren folgende Strategie zurechtgelegt. Zu Beginn spricht sie mit potenziellen Kunden an ihrem Schreibtisch. Leider ist der Tisch so angelegt, dass nur eine **frontale Position** möglich ist. Deswegen steht sie mit den Kunden auf, sobald sie Interesse erkennt. Sie begleitet die Käufer zum Auto hin und stellt sich in der »**Ums Eck**«-Position an der vorderen rechten Seite der Kühlerhaube des Autos auf. Die attraktivste Seite der Autos, wie Beate meint. Nachdem das Auto besprochen wurde, bietet sie dem Kunden an, auf dem Fahrersitz Platz zu nehmen. Sie geht ums Auto herum und nimmt am Beifahrersitz Platz. Und hat somit eine ideale »**Seite an Seite**«-Position.*

Am Schluss gehen beide noch die Farben im Prospekt in derselben Position durch und bilden somit auch einen gedanklichen »Schulterschluss«.

Shopkonzepte

Eine große Elektronikfachhandelskette hat beeindruckend dargelegt, wie entscheidend die richtige Position zum Kunden ist.

In den 1980er- und 1990er-Jahren waren Beratungsinseln en vogue. Dabei waren ein oder mehrere Berater hinter großen und hohen, kreisförmigen Tresen verschanzt. Die Kunden kamen von allen Seiten hin und sprachen über das Pult hinweg mit den Verkäufern. Dies ließ nur eine Konfrontationsposition zu.

Nach und nach wurde umgebaut, und die Beratungsinseln fielen großteils aus den Shopkonzepten raus.
Heute sind sämtliche Artikel auf langen Bars ausgestellt. Verkäufer und Kunde haben nun denselben Blick auf das Produkt und können das Gespräch von Beginn an im »Schulterschluss« führen.

Manche Paare beginnen in der Parallelposition und enden in der Konfrontationsposition.

16.5 Tischformen

Auch die Form von Tischen kann den Verlauf eines Gesprächs beeinflussen. Und so gibt es in Vorbereitung von politischen Verhandlungsrunden wiederum Verhandlungen, wie denn die Tischform auszusehen habe.

Rechteckige Tische haben zwei wichtige Eigenschaften:

* Es gibt eine Stirnseite:
  Damit ist klar, wer der Boss ist. Und der, der ihm zur Seite sitzt, ist auf der Karriereleiter schon sehr weit nach oben gekommen. Wer wo an diesen Tischen platziert wird, ist auch immer wieder Zündstoff in den Vorbereitungen zu Verhandlungsrunden.
* Mehrere Personen können sich der Länge nach im gleichen Abstand gegenübersitzen.
  Dies ist wichtig, um jedem die Möglichkeit zu geben, die andere Partei aus der gleichen Distanz anzusprechen.

Quadratische Tische
Hier gibt keine eindeutige Stirnseite. Alle am Tisch haben denselben Raum zur Verfügung. Die Rollenverteilung ist nicht so klar ersichtlich. Diese Tischform ist von Vorteil, wenn sich die Rollen erst beginnen zu verteilen oder wenn eine größtmögliche Gleichheit hergestellt werden soll.
In vielen Bars findet man kleine Tische in dieser Form.
Wenn Sie mit Ihrem Geschäftspartner ein Verkaufsgespräch dort ausklingen lassen, sitzt keiner mehr auf der Stirnseite. So haben Sie beide schon ein wenig vom Machtanspruch abgegeben und kommen sich noch näher.

Runde Tische
König Arthus wollte an seiner Tafel-»Runde« jedem Ritter die gleiche Stellung zukommen lassen. Deswegen wählte er einen runden Tisch. Er hatte jedoch nicht bedacht, dass er mit seiner Anwesenheit dieses Vorhaben zunichte machte. Solange die Ritter alleine am Tisch saßen, war eine Gleichstellung erreicht. Sobald er sich zu ihnen gesellte, änderte sich dies.

Er symbolisierte das Oberhaupt. Und somit bekamen die Ritter an seiner Seite eine höhere Stellung, als die weiter weg Sitzenden. Der zu seiner Rechten wird von den anderen als der »Wichtigste« angesehen und so weiter. (Warum der Rechte? Es ist eher unwahrscheinlich, dass Sie von Ihrem Rechten mit der linken Hand erstochen werden ... wie die Geschichte beweist.[21])

Runde Tische haben den Vorteil, dass es keinerlei Vorsitzposition gibt. Sie wirken zwangloser und verteilen die Rollen gleichmäßiger.

Ober sticht Unter – auch im Kreml

Alle Mitarbeiter des Stabs erhoben sich, als Vladimir Putin den Raum im Kreml betrat. Mit schnellen Schritten ging er auf seinen Sitzplatz am großen runden Tisch zu. Seine Mitarbeiter hatten schon eine geraume Zeit auf ihn gewartet. Der Boss lässt schließlich immer warten. (Das kennt man ja ...)
Gerade als er sich setzen wollte, erblickte er den Mann neben sich. Sofort blieb er wie eingefroren stehen und fixierte ihn mit dem finstersten Blick, den man sich vorstellen kann. Kopf gesenkt, Augenbrauen tief, Mund schmallippig verschlossen. Im Raum wurde es absolut still, keiner wagte es, sich zu bewegen. Die Situation war bis aufs Äußerste gespannt ... Putin ließ den starren Blick unbeweglich auf seinem Sitznachbarn haften.
Dieser gab nach langen Sekunden w.o. Er entfernte sich von Putins Nachbarsessel und nahm auf einem Platz weitab des Kremlchefs Platz. Sobald er seinen neuen Sessel erreicht hatte, setzte sich Putin nieder. Dies war das Zeichen für Entspannung, und alle in der Runde setzten sich.

So geschehen im Jahr 2001. Dies wurde live im TV übertragen.
Der Kremlmitarbeiter war nur kurz zuvor bei Putin in Ungnade gefallen. Er wollte sich anfänglich mit seiner Degradierung nicht abfinden. Putins bedingungslose Machtdemonstration war körpersprachlich so beeindruckend ausgeführt, dass dem Mitarbeiter unmissverständlich klar wurde, dass Putin die besseren Karten hatte.
Es zeigte deutlich, wie wichtig Sitzpositionen sind.

»Leben ist das, was geschieht,
während man andere Pläne schmiedet.«

John Lennon

17. Der Weg zur optimalen Körpersprache

17.1 Ich bin okay – du bist okay!

Dieter Zapf, Emotionsforscher an der Universität Frankfurt, setzte Studenten in ein fiktives Call Center. Eine vermeintliche Kundin hatte den Auftrag die Mitarbeiter am Telefon zu beschimpfen. Einige Mitarbeiter durften sich wehren und andere mussten »gute Miene zu bösem Spiel« machen und verbindlich bleiben.

Ergebnis war, dass jene Mitarbeiter, die sich wehren durften nur kurzzeitig eine erhöhte Pulsfrequenz hatten, während bei jenen, die freundlich bleiben mussten auch noch einige Zeit danach das Herz deutlich schneller schlug.

Das heißt nett sein wider Willen ist purer Stress.

Jetzt könnte man denken: »Also gut, dann schreien wir zurück wenn uns ein Kunde blöd kommt. Ich meine, es geht doch um meine Gesundheit....«

Das ist deutlich zu kurz gedacht.

17.2 Du bist okay

Wer einen Beruf gewählt hat, bei welchem er mit Menschen zu tun hat, ist verpflichtet, andere Menschen zu akzeptieren. Er muss sie annehmen – mit all ihren Empfindungen, Gefühlsregungen, Besonderheiten und auch Fehlern. Egal, ob der Kunde kauft oder nicht. Ob er wegen einer Empfehlung gekommen ist oder reklamieren will. Ob er ein »braver« Kunde ist oder ob er zu den »Problemkunden« zählt.

Das heißt nicht, dass man alle Menschen lieben muss.

Gemeint ist einfach, okay sagen zu anderen Menschen – und zwar »a priori« im Kant'schen Sinn.[22]

17.3 »A priori« – von vorneherein

Kant stellte sich die Frage, ob es denn überhaupt so etwas wie eine allgemein gültige Vernunft gebe. Eine Vernunft, die überall auf der Welt, bei allen Menschen und zu allen Zeiten Gültigkeit besitzt. Er meinte, nein.

Was wir heute als vernünftig ansehen, kann in ein paar Jahren schon wieder unvernünftig sein. Was in einer Kultur als vernünftig gilt, kann für eine andere Kultur die pure Unvernunft sein. Deswegen gebe es keine allgemein gültige Vernunft. Allgemein gültig seien nur ganz wenige Fakten, meinte Kant. Er nannte sie »A-priori*-Kategorien« (* lat.: von vorneherein). Beispielsweise die Zeit: Dass es so etwas wie Zeit gibt, ist allgemein gültig. Dies gilt und galt für alle Menschen und zu allen Zeiten. Schließlich können wir Menschen uns nichts vorstellen, ohne dass es zu einer bestimmten Zeit passiert. Eine weitere A-priori-Kategorie ist der Raum. Wir können uns nichts vorstellen, ohne dass es an einem Ort, in einem bestimmten Raum, passiert. Das heißt, dass man über diese Fakten nicht diskutieren kann. Sie sind nicht von äußeren Gegebenheiten abhängig. Sie sind auch nicht stimmungsabhängig. Sie sind »a priori« – eben von vorneherein – da!

Genau in diesem Sinne ist es unumgänglich, seine Kunden zu akzeptieren. »A priori«. Ohne darauf zu warten, ob äußere Einflüsse es heute möglich machen, die Kunden als okay zu empfinden oder nicht!

Von vornherein die Mitmenschen, und das sind unsere Kunden, auch als gleichwertige Partner zu empfinden.

Ohne darauf zu warten, ob der Kunde sympathisch ist oder nicht. Ob er ein kaufender Kunde ist oder nicht. Ob er ein paar laute Worte gesagt hat oder nicht.

Ihn prinzipiell und grundsätzlich als okay empfinden!

17.4 Ich bin okay

Bevor Sie den Schritt des »DU bist okay« angehen, ist es wichtig, sich selber okay zu finden.

All die Leistungen, Stärken, Fehler, Äußerlichkeiten und Empfindungen von sich selbst annehmen. Sich nicht dagegen wehren.

Übung

1. Nehmen Sie das Handy eines Freundes und sprechen Sie sich selbst auf den Anrufbeantworter. Hören Sie Ihre Stimme ab und achten Sie auf Ihre allerersten Gefühlsregungen.
»O Gott – wie schrecklich höre ich mich an!«
»O nein, was habe ich für eine peinliche Stimme!«
Oder gar: *»O Gott, das bin ja nicht ich.«* (Und da sagt man, Schizophrenie sei nur wenigen Menschen vorbehalten ...)

2. Lassen Sie ein Foto von sich aufnehmen und schauen Sie es in möglichst großem Format an. Welche Gefühle kommen bei Ihnen auf?
Wie schrecklich Sie aussehen, dass Sie schon wieder zugenommen haben, dass der Pickel auf der Nase ach so peinlich ist und außerdem die Hose eine schlechte Figur »macht«.

Oder ist Ihre erste Reaktion: »Eigentlich ganz okay. Natürlich gäbe es einiges zu meckern, aber im Großen und Ganzen bin ich zufrieden mit mir ...«

Liebe deinen Nächsten wie dich selbst.
Matthäus 22,34–40

Ich bin okay, bedeutet auch, dass wir uns selber mögen, auch wenn wir mal einen Fehler gemacht haben.
Ebenso wie wir geliebten Menschen mal ein Missgeschick verzeihen, sollten wir das bei uns selbst auch tun.
Wie oft geißeln wir uns nach schwierigen Situationen selbst. Wir

packen sozusagen unsere innere Peitsche aus und schlagen uns für Worte oder Taten, die wir gesetzt haben (»Ich könnte mir eine runterhauen«, »Dafür könnt ich mich schlagen«).

… und wundern uns dann über eine geduckte und schützende Körperhaltung.

Nehmen Sie sich und Ihre Fehler an, lernen Sie daraus.
Aber gehen Sie nicht zu streng mit sich selbst ins Gericht.

Die Gefahr ist nämlich, dass man all seine eigenen Unzulänglichkeiten nach außen projiziert.

Und zwar in zwei Richtungen:

- Die Themen, die man bei sich nicht leiden kann, werden bei anderen ganz besonders wichtig genommen.
- Die eigenen Schwächen werden beim anderen auch als vernachlässigbare Schwächen hingenommen. Und sollte es jemand doch besser machen als wir selbst, dann scheint er uns gleich nicht mehr so sympathisch.

Hierbei spricht man von »Kontrast«- und »Ähnlichkeitsfehler«, in der Wahrnehmung unserer Mitmenschen.
Und all das resultiert aus einer Unzufriedenheit mit sich selbst.
Erst wenn Sie es schaffen, sich selbst als Ganzes zu akzeptieren und sich so anzunehmen als das, »was Sie aus sich gemacht haben«, werden Sie auf andere optimal wirken.
Wenn Sie mit sich im Reinen sind, können Sie den nächsten Schritt angehen: »Du bist okay.«

Lachen über sich selbst
Im Zweifel ist ein wenig **Selbstironie** angebracht. Lernen Sie, über sich selbst zu lachen.

Lachen Sie über sich selbst!
Wenn Sie das nicht schaffen:
Egal, die anderen übernehmen das gern für Sie!

17.5 Tun Sie so als ob!

Nun, wir wissen bereits, dass jedes Gefühl eine bestimmte Körpersprache zur Folge hat.
Schon im 19. Jahrhundert interessierten sich Wissenschaftler, ob es denn möglich sei, diesen Prozess umzukehren. Ob es also möglich sei, über die Körpersprache Gefühle zu erzeugen.
Der Emotionspsychologe Fritz Strack und sein Team an der Universität in Würzburg organisierten eine Versuchsanordnung. Die Probanden bekamen eine Reihe von Comics vorgelegt. Sie mussten auf

einer Skala bewerten, wie witzig sie die einzelnen Bilder fanden. Die Besonderheit war, dass ein Teil der Versuchspersonen einen Stift zwischen den Zähnen halten musste und der andere Teil den Stift zwischen den Lippen hatte.

Wenn Sie das nun auch machen, werden Sie bemerken, dass der Stift zwischen den Zähnen einen breiten Mund zur Folge hat, der einem Lächeln sehr ähnlich ist. Ein Stift zwischen den Lippen formt einen Schmollmund.

Das Überraschende war, dass die Vermutung bestätigt wurde, dass jene, die den Stift zwischen den Zähnen hatten, die Comics generell witziger empfanden.

Damit war belegt, dass unsere Körpersprache auch Gefühle verstärken und sogar erzeugen kann.

Übung

Schritt 1
Nehmen Sie genau jene Haltung ein, die Sie in trübsinnigen, schwermütigen Momenten einnehmen würden. Schultern nach vorne, Arme eng am Körper, Kopf gesenkt, Blick zum Boden, Mundwinkel nach unten, Augenbrauen gesenkt, wenig Bewegung.
Sie werden feststellen, dass Sie damit ein schwermütiges Gefühl »herstellen« können.

Schritt 2:
Tun Sie nun so, als ob es Ihnen extrem gut gehen würde.
Richten Sie sich jetzt auf. Schultern zurück, Brust weit heraus, Arme weit geöffnet, tief atmen. Hals frei, Blick nach oben. Die Mundwinkel werden jetzt schon weiter oben sein. Und dass Sie sich automatisch mehr bewegen, ist nicht zu vermeiden – Sie werden merken, dass dies ein gänzlich anderes Gefühl auslöst.

Gehen Sie einen Schritt weiter und richten Sie Ihren Blick hinauf Richtung Himmel und sagen Sie dazu:»Mir geht es so beschissen.« Spätestens jetzt werden Sie merken, dass dies nur sehr schwer möglich ist. Es ist nahezu absurd, mit dieser Haltung ein negatives Gefühl zu beschreiben.

18. Symptombehandlung

Eines jener Themen, die Teilnehmer in meinen Körpersprache-Vorträgen am meisten zu beschäftigen scheint, ist die Frage nach »Charisma« oder Ausstrahlung.

Wenn ich alle Bedürfnisse und Wünsche zu diesem Thema zusammenfasse, komme ich auf ein Wort:

MEHR

Sie alle wollen mehr davon.

Es wird mir als diese ungreifbare »Ausstrahlung« beschrieben. Eine Aura, die manch einen umgibt. Wodurch charismatische Menschen nicht nur akzeptiert, sondern vielmehr begehrt, geliebt und manchmal bewundert werden.

Auch habe ich gehört, dass sich in einem Raum »etwas« verändert, sobald charismatische Menschen eintreten.

Ich stelle fest, dass ein großer Bedarf an »Charisma« und »Ausstrahlung« besteht.

Aus diesem Grund bastle ich an einem Internetshop. Darin werden sich alle Interessenten Charisma, Ausstrahlung und Sympathie kaufen können. (Entweder kiloweise oder meterweise – das wird meine Marketingberaterin entscheiden …)

Voll gestopft mit Biografien von den Jack Welchs, Richard Bransons, Luciano Benettons wollen sie auch ein wenig mehr von diesem »Charisma«.

Genau jene Menschen, die morgens in ihr Büro gehen und dort die Reinigungskraft anschreien, weil der Mistkübel an der falschen Stelle steht, mit ihrer Tochter schimpfen, weil sie gestern zu spät nach Hause gekommen ist, und mit der Frau streiten, weil diese die falsche Milch gekauft hat.

Genau die wollen mehr Charisma haben …

All dieses »Charisma«, diese Ausstrahlung«, die »Aura« oder wie auch immer hat einen tieferen Ursprung.

18.1 Handlungsanweisung vs. Grundlagen

In diesem Buch finden Sie eine Vielzahl an Handlungsanweisungen, die Ihnen helfen können, in bestimmten Situationen besser zu wirken. Werkzeuge, mit denen Sie kompetent wirken, Offenheit zeigen und Sicherheit ausstrahlen. Es ist enorm wichtig, in schwierigen Situationen einige dieser Tipps und Tricks parat zu haben.

Handlungsanweisungen sind jedoch immer auf bestimmte Situationen gerichtet. Das heißt, nur wenn eine genau bestimmte Situation eintritt, passt auch das entsprechende »Rezept« dazu.

Sobald die Situation ein klein wenig oder sogar gänzlich anders ist, liegt es nahe, dass man auch diese Probleme mit den bekannten und gewohnten Rezepten lösen will.

Man biegt sie also so lange zurecht, bis sie mehr oder weniger passen. Damit versucht man dann das »neue« Problem zu lösen.

Wer nur gelernt hat, mit einem Hammer umzugehen, neigt dazu in jedem Problem einen Nagel zu suchen.

Wollen Sie grundsätzlich positiver wirken und mehr »Charisma« ausstrahlen, ist es unumgänglich, sich auch mit den Grundlagen zu beschäftigen.

Diese Grundlagen betreffen unsere Lebenseinstellung und unseren

inneren Dialog.

Wir Menschen kommunizieren während unseres Lebens nur mit zwei Zielgruppen: Mit den anderen und mit uns selbst.

Wobei der Anteil der Gespräche mit uns selbst weit größer ist.

- Vor dem Spiegel: *»Mmmh, uih, schon wieder runder geworden, uff mit der Frisur kann ich nicht rausgehen.«*
- Beim Autofahren: *»Mmh, der hat das schnellere Auto, na warte, ich bin aber der bessere Autofahrer.«*

- Beim Kochen: »*Oh Shit, das muss ja wieder mir passieren, nicht mal einfache Spaghetti schaffe ich, richtig lang zu kochen.*«
- Beim Gartenarbeiten: »*Na klar, ich wieder. Bei der Nachbarin kommen die Blumen immer. Nur bei mir verwelken Sie, noch bevor sie überhaupt richtig in der Erde stecken.*«
- Nach dem schwierigen Verkaufsgespräch: »*Mann, da war ich wieder peinlich. O Gott, obwohl ich's mir vorgenommen habe, ist es mir wieder rausgerutscht. Warum bin ich auch so blöd? Die anderen hätten das sicher besser gemacht.*«
- Nach dem Reklamationsgespräch am Telefon: »*Na super. Die blödesten Kunden bekomme wieder ich. Natürlich. War ja immer schon so. Auch im vorigen Job. Die anderen sind schon heimgegangen, da hab ich noch meine Reklamationen abarbeiten müssen. Wenn ich mich recht erinnere, war ich in der Schule auch immer schon der Letzte ...*«

Wenn man oft in dieser Art und Weise mit sich spricht, stellt sich die Frage: Wie wird sich das in der Körpersprache und somit in der »Ausstrahlung« darstellen?

Charismatische Vorbilder
Es gibt eine Bevölkerungsgruppe, die die allermeisten von uns als »unwiderstehlich« und mit großer Ausstrahlung ansehen.
Kleinkinder.
Was macht Kleinkinder so »charismatisch«?
Ganz einfach: Sie leben ihr Leben genau so, wie sie es für richtig erachten.
Wenn sie etwas Schönes erleben, dann lachen sie. Und zwar so, dass wir instinktiv spüren – das ist ein ehrlich gemeintes Lachen.
Wenn Kinder Schmerz oder Leid verspüren, dann weinen sie. Genau so, wie sie es für richtig erachten.
Sie stehen zu ihren Befindlichkeiten und scheuen sich nicht, diese auch auszuleben.

Irgendwann werden diese Kinder älter und lernen von den Eltern, Geschwistern, Freunden und Schulkollegen, dass es manchmal nicht okay ist, einfach zu lachen – auch wenn einem danach wäre. Zum Beispiel in der Schule. Da ist lautes Lachen meist nicht erwünscht.

Am Weinen ist es noch deutlicher zu erkennen. In den seltensten Fällen ist es im Alltag erwünscht zu weinen. So werden diese Gefühlsregungen anderweitig »kompensiert«.

Der bekannte Psychoanalytiker Erwin Ringel hat in seiner »neuen Rede über Österreich« so treffend formuliert: »Sigmund Freud in Ehren. Aber dass er die Neurosen in Österreich entdeckt hat, ist wahrlich keine Meisterleistung.«
Besonders hierzulande, meint Ringel, seien die Menschen stark durch Unterdrückung ihrer Gefühlsregungen geprägt. In frühester Kindheit lernen Menschen hier schon, dass es sehr oft nicht in Ordnung ist, seinen Gefühlen freien Lauf zu lassen.

Wenn ein Kind Leid erfährt, beginnt es sofort lauthals und herzzerreißend zu weinen. Und zwar so lange, bis neue Gefühle in ihm aufkommen. Das könnte die neue rote Spielzeuglokomotive oder das leckere Eis vor seiner Nase sein. Genau dann nämlich ist seine ganze Aufmerksamkeit so stark in den Bann gezogen, dass der Schmerz vergessen ist. Ja genau, wirklich vergessen ist.
Und wie machen es wir Erwachsenen, wenn uns Leid zugefügt wird?

Karl wurde von seinem Chef vor versammelter Mannschaft beschuldigt, Vereinbarungen nicht eingehalten zu haben. Da Karl gelernt hat, nie, unter keinen Umständen, vor den Kolleginnen und Kollegen die Haltung zu verlieren, nimmt die Standpauke mit stoischer Gelassenheit hin. Gleich nach dem Gespräch ruft er seinen Tennispartner an, um eine Runde auszumachen. Der Ärger muss schließlich rausgeschwitzt werden. Am Telefon erzählt er ihm von seinem Erlebnis mit seinem Chef – und ärgert sich gleich wieder darüber.
Auf der Fahrt nach Hause ruft er seinen Kollegen an und erzählt auch ihm die ganze Sache. Dieser beginnt sich ebenfalls zu ärgern, da er schon immer gewusst hat, dass der Chef ... und Karl ärgert sich mit ihm.
Am Abend zu Hause erzählt er die ganze Geschichte seiner Frau – und ärgert sich wieder.
So erzählt Karl sein Erlebnis immer weiter. Denn Karl hat gelernt: »Geteiltes Leid ist halbes Leid.«
Im Laufe der Tage und Wochen hat er sich schon stundenlang über ein und dieselbe Sache geärgert.

Geteiltes Leid ist doppeltes Leid

Obwohl diese Sache schon lange vorbei war. Dabei hat er viele Leute teilhaben lassen und so auch deren Gedanken auf »Ärger« eingestellt. In der Fachsprache nennt man dies »Ärgerstretching« *(vgl. Kapitel 11.1.8)*. Dieses Fokussieren und immer wieder Durchleben von negativen Erlebnissen hat Auswirkungen auf unsere Körpersprache. Unbewusst werden all jene »Schutzgesten« *(vgl. Kapitel 9.4* weit öfter aktiviert. Unterwerfungsgesten und Verkleinerungen *(vgl. Kapitel 7.2)* sind die Folge.

Ärger über bereits Geschehenes oder eventuell zu Erwartendes ist vorsätzliche Verletzung des eigenen Körpers.

Menschen, die viel über Ärgererlebnisse sprechen, finden Menschen, die ihnen zuhören. Oft genau jene Menschen, die selbst gern über solches Leid reflektieren. Im Laufe ihres Lebens befinden sich fast nur mehr interessierte Zuhörer in ihrem Freundeskreis, denn die anderen haben sich von ihnen abgewendet. Warum wohl? Mit dieser Lebenseinstellung ist kein Platz für »Charisma«!

Viele von uns glauben in solchen Situationen: Das ist zwar eine schwierige Lebenslage. Ich muss noch ein paar Jahre durchhalten, und dann wird alles besser. Und in der Rente dann wollen Sie all das machen, was sie eigentlich schon immer tun wollten. Genau denselben Gedanken hatten sie schon vor fünf, zehn oder 20 Jahren.

**Manche Menschen haben den Plan,
in der Rente so richtig die Sau rauszulassen.
… bei vielen ist diese bis dahin schon tot.**

Genießen Sie ihr Leben. Möglicherweise ist es das Einzige, das Sie zur Verfügung haben. Die Art, wie Sie gerade *diesen* Augenblick jetzt verbringen, gibt die Richtung für die kommenden Augenblicke vor. Das »Charisma« kommt dann von ganz allein.

Es passiert im Hier und Jetzt – oder gar nicht.

Thich Nhat Hanh

Wenn ich einen Tag nicht übe, weiß ich es.
Wenn ich zwei Tage nicht übe, weiß es das Publikum.
Wenn ich drei Tage nicht übe, weiß es die ganze Welt.

Anne-Sophie Mutter (Violinvirtuosin)

19. Übungsteil

19.1 Szene 1

Beschreiben Sie die Situation:

Welche Signale erkennen Sie?

Bei der Frau:

-

-

-

-

-

-

-

-

Beim Mann:

-

-

-

-

-

-

-

-

19.2 Szene 2

Beschreiben Sie die Situation:

Welche Signale erkennen Sie?

-

-

-

-

-

-

-

-

-

-

-

-

Wie sind die Rollen verteilt?

19.3 Szene 3

Beschreiben Sie die Situation:

Welche Signale erkennen Sie?

-

-

-

-

-

-

-

-

-

-

-

-

Wie sind die Rollen verteilt?

19.4 Szene 4

Beschreiben Sie die Situation:

Welche Signale erkennen Sie?

*

*

*

*

*

*

*

*

*

*

*

*

Wie sind die Rollen verteilt?

20. Zusammenfassung

Vor dem Gespräch
- Achten Sie auf das passende Outfit
- Kleidung und Schuhe sauber
- Denken Sie über Ihre Accessoires nach
- Optimale Gesprächsvorbereitung stärkt Ihren selbstbewussten Auftritt
- Alle Unterlagen dabei
- Handy aus
- Bringen Sie sich in eine positive Stimmung und lassen Sie Ärgererlebnisse draußen

Begrüßung / Gesprächseinstieg
- Klopfen Sie selbstbewusst, ohne zu poltern
- Öffnen Sie die Tür selbstsicher, ohne »mit der Tür ins Haus fallen zu wollen«
- Gehen Sie zielstrebig auf möglichst direktem Weg auf Ihren Kunden zu
- Zeigen Sie Initiative, indem Sie ihm auch unaufgefordert die Hand reichen
- Passen Sie den Händedruck Ihrem Gegenüber an
- Lächeln, lächeln, lächeln
- Zeigen Sie Zähne
- Goofy
- Offene Mimik

Bedarfserhebung
- Achten Sie auf den Augenkontakt
- Vorbereitete Fragen wirken kompetent
- Mitschreiben signalisiert ehrliches Interesse
- Kopfnicken signalisiert Verständnis
- Ein wenig Zurücklehnen lässt dem anderen mehr Freiraum
- Palm-up für Offenheit
- Zeigen Sie Ihre Handflächen
- Klappe halten, Klappe halten, Klappe halten
- Asymmetrische Sitzposition wirkt entspannt

Präsentation
- Palm-down für Kompetenz
- Blickkontakt
- Lassen Sie den Kunden bei Ihrer Präsentation mitreden
- Nehmen Sie Interessen- und Desinteressensignale wahr und reagieren Sie entsprechend
- Nicken Sie, es steckt an
- Achten Sie auf Abschlusssignale
- Präsentieren Sie nur so viel wie unbedingt nötig
- Rücken Sie ein wenig vor, es signalisiert Begeisterung
- Goofy
- Setzen Sie mentale Anker mit Ihren Händen
- Verwenden Sie bildhafte Gestik

Einwände
- Lassen Sie den Kunden seinen Einwand zur Gänze anbringen
- Argumentieren Sie nicht dagegen
- Zeigen Sie Interesse für die Bedenken des Kunden durch Nicken
- Lassen Sie sich Zeit mit der Lösung
- Finger ans Kinn signalisiert Nachdenkpause
- Isolieren Sie den Einwand
- Schließen Sie »bedingt« ab und setzen Sie dabei den »Rationalen« ein

Abschluss
- Warten Sie mit dem Abschluss nicht zu lange
- Bestärken Sie den Kunden mit Palm-down-Gesten
- Schließen der Augenlider verstärkt das Sicherheitsgefühl beim Kunden
- Blickkontakt und Klappe halten

Interesse

Sobald Sie im Verkaufsgespräch zum Sprechen ansetzen, ist es wichtig, ständig darauf zu achten, ob Sie in Ihrem Kunden mit Ihren Worten auch Interesse wecken.
Egal ob Smalltalk, Bedarfsfragen oder Präsentation.

Nur Worte, die auch beim Kunden ankommen, führen Sie zu einem positiven Verkaufsabschluss. Interesse erkennen Sie unter anderem daran:

- Blickkontakt
- Vorrücken
- Vorbeugen
- Gebannte Sitzhaltung
- Wenig Bewegung
- Leicht geöffneter Mund
- Hände sichtbar
- Offene Handflächen
- Gefühlsäußerungen passend zu Ihren Worten
- Fragen zu Ihren Worten
- Ahas, Mmmhs
- Nicken zu Ihren Worten
- Körper zu Ihnen gedreht
- Beine in Ihre Richtung
- Mitschreiben

Desinteresse

Im Verkauf verrät uns Desinteresse immer, dass wir über Dinge reden, die den Kunden nicht mehr berühren. Gründe dafür können sein:

- Zu viele Merkmale des Produkts oder der Dienstleistung
- Zu wenig Nutzen
- Die falschen Nutzen
- Zu viel präsentiert (!)
- Eintönig präsentiert
- Zu langer Redeschwall
- Kunde ist mit seinen Gedanken woanders
- Falscher Ansprechpartner

Desinteresse erkennen Sie unter anderem daran:

- Blick auf die Uhr
- Blickkontakt wird öfter unterbrochen

- Blick seitlich an Ihnen vorbei
- Nervöses Herumrutschen auf dem Sessel
- Sitzposition wechseln
- Wippen mit dem Fuß
- Starrer Blick ähnlich dem Tagträumen
- Stereotypes Kopfnicken
- Unpassende Gefühlsäußerungen (Lachen an falscher Stelle, ...)
- Dreht seinen Körper von Ihnen weg
- Griff zur Aktentasche
- Fluchtbewegungen

Sobald Sie das eine oder andere Signal erkennen, stoppen Sie Ihren Redefluss!
Es macht keinen Sinn weiterzusprechen.
Aktivieren Sie Ihren Kunden mit einer Frage. (»Wie sehen Sie das?«, »Ist es das, was Sie gemeint haben?«)

Abschlusssignale

Viel zu oft präsentieren Verkäufer zu viel und zu lange. Der Kunde signalisiert schon lange Kaufbereitschaft, und trotzdem wird weiter präsentiert. Gründe können sein:

- Angst vor der Abschlussfrage
- Unsicherheit

Am häufigsten jedoch werden Signale einfach nicht erkannt.
Wenn wir uns zu einem Kauf entschließen, weiß dies unser Unterbewusstsein noch vor unserem Bewusstsein.
Wenn größere Anschaffungen gemacht werden, wird manchmal lange hin und her überlegt. Für und wider abgewogen und am Ende doch gekauft. Schon mal erlebt?
Im Nachhinein ist Ihnen vielleicht schon der Gedanke gekommen: »Ich habe eigentlich schon viel früher gewusst, dass ich zuschlagen werde.«
Und genau diese unterbewusste Entscheidung kommt in der Körpersprache zum Ausdruck.

Hier einige Abschlusssignale:

- Veränderung des Sprechtempos
  - Langsamer: Das Unterbewusstsein scheint zu sagen: »Ich weiß jetzt alles und bin zu einem Entschluss gekommen.«
  - Schneller: »Ich bin voll Enthusiasmus für meine Entscheidung!«
- Vorbeugen
- Griff zum Stift
- Griff zur Geldbörse
- Das Produkt angreifen
- Ausprobieren
- Nicht mehr aus den Händen geben
- Unruhiger werden (»Kommen wir endlich zur Sache«)
- Heftigeres Nicken
- Fragen nach Fakten, die erst interessieren dürften, wenn man das Produkt / die Dienstleistung schon besäße. Zum Beispiel:
  - »Wenn das Ding mal kaputt ist, wohin kann ich mich dann wenden?«
  - »Wenn wir eine Zusatzlieferung brauchen, wo bekommen wir die?«
  - »Wenn wir eine zusätzliche Leitung brauchen – wie lange dauert die Installation?«
  - »Wenn ich später mal upgraden möchte, wer hilft mir dann weiter?«

Offenheit

- Offene Armhaltung
- Blickrichtung eher nach oben
- Augenbrauen höher
- Beide Hände sichtbar
- Handflächen sichtbar
- Lockern der Kleidung
- Öffnen des Sakkos
- Blickkontakt frontal
- Lächeln
- Vorbeugen

Verschlossenheit

- Geschlossene Armhaltung
- Tiefer Blick
- Blickkontakt aus den Augenwinkeln
- Eine oder beide Hände versteckt
- Schließen des Sakkos
- Festziehen des Krawattenknopfes
- Beine nach hinten
- Füße in den Sesselbeinen verhakt
- Fuß-»Bremse«
- Ernster Blick
- »Gezwungenes« Lächeln

21. Literaturverzeichnis

Amon, Ingrid, *Die Macht der Stimme*, Frankfurt/Wien 2002

Birkenbihl, Vera F., *Signale des Körpers*, Frankfurt 2002

Braun, Roman, *Die Macht der Rhetorik*, Frankfurt/Wien 2005

Cerwinka, Gabriele, und Schranz, Gabriele, *Die Macht der versteckten Signale*, Wien 1999

Collett, Peter, *Ich sehe was, was Du nicht sagst*, Bergisch Gladbach 2004

Desmond, Morris, *Bodytalk*, München 1995

Famularo, Tom, *The Cycle of Self Empowerment*, New York 2000

Feldmann, Heinz, *Preisverhandlung leicht gemacht*, Heidelberg 2005

Feldmann, Heinz, *Trotz Fehlern in den Verkaufsolymp*, München/ Wien 2004

Harris, Thomas A., *Ich bin o. k., du bist o. k,* Reinbeck 1975

Kmenta, Roman, *Die letzten Geheimnisse im Verkauf*, München/ Wien 2006

Kmoth, Nadine, *Körperrhetorik*, Heidelberg 2003

Lang, Rudolf E., *Warum Tränen salzig schmecken*, München 2004

Leonard, George, *Der längere Atem*, Bern/München/Wien 1998

Molcho, Samy, *Alles über Körpersprache*, München 2001

Molcho, Samy, *Körpersprache im Beruf*, München 1996

Nagiller, Brigitte, *Knigge, Kleider und Karriere*, Frankfurt/Wien 2001

Pease, Allan & Barbara, *Der tote Fisch in der Hand*, München 2003

Rhode, Rudi, und Meis, Mona Sabine, *Wortlos sprechen*, Zürich 2004

Seligmann, Martin, *Pessimisten küsst man nicht*, München 2001

Tripolt, Niklas, *Kundensignale erkennen – Verkaufschancen nützen*, München 2006

Tripolt, Niklas, *Spitzenverkaufserfolge,* München 2006

Welzer, Harald, *Das kommunikative Gedächtnis*, München 2005

22. Quellenverweise

[1] Merhabian, A., Silent messages: Implicit communications and attitudes, Wadsforth, Belmont, California / Mehrabian, A., Nonverbal communcation, Aldaline-Atherton, Chicago, Illinois

[2] Festinger, Leon, Theorie der kognitiven Dissonanz, Bern, Stuttgart, Wien: Huber, 1978

[3] Birkenbihl, Vera F., Signale des Körpers, Frankfurt 2002

[4] Damaisio, Antonio R., Descartes' Irrtum. Fühlen, Denken und das menschliche Gehirn, Berlin 2004

[5] Sacks, Oliver, Der Mann, der seine Frau mit einem Hut verwechselte, Hamburg 1987

[6] Bierach, A., Körpersprache erfolgreich anwenden und verstehen, München 1996

[7] Cassidy, C. M. (1991), The good body: when big is better

[8] Hensley, Wilhelm E. (1993): Height as a measure of success in academe

[9] Buwler, D. (1644), Chirologia or the Natural Language of the Hand, London

[10] Collett Peter, Ich sehe was, was Du nicht sagst, Bergisch Gladbach 2004

[11] Pease, Allan und Barbara, Die kalte Schulter und der warme Händedruck, Ullstein, München 2003

[12] Tripolt, Niklas, Kundensignale erkennen – Verkaufschancen nützen, München 2006

[13] Ebenda

[14] Feldmann, Heinz, Trotz Fehlern in den Verkaufsolymp, München/Wien 2004

[15] Pease, Allan und Barbara, Die kalte Schulter und der warme Händedruck, Ullstein, a. a. O.

[16] Birkenbihl, Vera F., Signale des Körpers, a. a. O.

[17] Collett Peter, Ich sehe was, was Du nicht sagst, a. a. O.

[18] Kmenta, Roman, Die letzten Geheimnisse im Verkauf, Signum, München/Wien 2006

[19] Pease Allan & Barbara, Der tote Fisch in der Hand, München 2003

[20] Birkenbihl, Vera F., Signale des Körpers, a. a. O.

[21] Pease, Allan und Barbara, Die kalte Schulter und der warme Händedruck, a. a. O.

[22] Harris, Thomas A., Ich bin o. k., du bist o. k., Reinbeck 1975

Bitte beachten Sie die folgenden Seiten

Roman Kmenta
Die letzten Geheimnisse im Verkauf

Mit NLP besser verkaufen

Das Wesen des Kunden entdecken, Aufmerksamkeit schärfen, die Sprache als Power-Instrument entdecken, »nonverbal« überzeugen, Stärken gewinnbringend einsetzen, mit »schwierigen Kunden« fertig werden:

Der erfahrene Verkaufspraktiker zeigt, wie Sie mit Neurolinguistischer Programmierung den Verkaufsprozess optimieren. Sie lernen, mit dem Unbewussten des Kunden zu kommunizieren und seine wahren Bedürfnisse zu erkennen. Dann können Sie maßgeschneiderte Lösungen anbieten. Ihr Kunde wird Vertrauen fassen und Ihrem Rat folgen. Ein Ratgeber für den Praktiker, mit vielen Beispielen und Übungen.

304 Seiten, ISBN 978-3-7766-8009-6
Signum

Lesetipp

BUCHVERLAGE
LANGENMÜLLER HERBIG NYMPHENBURGER
WWW.HERBIG.NET